"十四五"新工科应用型教材建设项目成果

21 世 技能创新型人才培养系列教材
纪 机械设计制造系列

液压与气动
控制系统

主编◎侯冠男　廖雪梅

中国人民大学出版社
·北京·

图书在版编目（CIP）数据

液压与气动控制系统 / 侯冠男，廖雪梅主编. -- 北京：中国人民大学出版社，2022.12

21世纪技能创新型人才培养系列教材. 机械设计制造系列

ISBN 978-7-300-31419-8

Ⅰ. ①液… Ⅱ. ①侯… ②廖… Ⅲ. ①液压控制－教材 ②气动技术－教材 Ⅳ. ① TH137 ② TH138

中国国家版本馆 CIP 数据核字（2023）第 022264 号

"十四五"新工科应用型教材建设项目成果
21世纪技能创新型人才培养系列教材·机械设计制造系列

液压与气动控制系统

主　编　侯冠男　廖雪梅
Yeya yu Qidong Kongzhi Xitong

出版发行	中国人民大学出版社		
社　　址	北京中关村大街 31 号	**邮政编码**	100080
电　　话	010 - 62511242（总编室）	010 - 62511770（质管部）	
	010 - 82501766（邮购部）	010 - 62514148（门市部）	
	010 - 62515195（发行公司）	010 - 62515275（盗版举报）	
网　　址	http://www.crup.com.cn		
经　　销	新华书店		
印　　刷	中煤（北京）印务有限公司		
规　　格	185 mm×260 mm　16 开本	**版　　次**	2022 年 12 月第 1 版
印　　张	10	**印　　次**	2022 年 12 月第 1 次印刷
字　　数	199 000	**定　　价**	46.00 元

液压与气动技术课程是高等职业教育机电一体化技术、智能制造等专业的主要课程，旨在帮助学生掌握液压与气动技术的基础知识；了解常用的液压与气动元件的内部结构、工作原理及应用场合；掌握不同功能液压与气动系统回路的设计方法、以及实物搭接和故障排除技巧。

　　本教材以培养德技双修、技艺精湛的技能型劳动者和能工巧匠为宗旨，以满足行业、企业对专业技术技能型人才的需求为目标，采用"理实一体化"的编写模式，将企业典型工作任务转换成教学内容，力求实现思想政治教育、知识传授、技能培养的融合统一。

　　教材内容以企业劳动组织方式和工作方法为主要依据，注重培养学生的综合职业能力。教材借鉴了德国"胡格"职业教育的先进理念，基于企业典型的工作任务将课程内容分为五个学习情境，再将传统的液压气动知识拆解后融入具体的工作环节，实现"在工作中学习、在学习中工作"，将学校学习和企业工作紧密衔接起来。每个学习情境均提供了学习参考资料，供学生掌握理论知识，进行信息搜集、处理等探究式学习；同时，通过微课的形式对方案设计、安装调试等重要知识点进行示范讲解，便于学生直观理解，并在课后总结环节进行方案的改进升级。

　　本教材可作为高等职业教育机械类及相关专业的教学用书，也适合各类成人教育机构、开放大学及专业培训机构使用，还可供从事液压气动系统相关工作的工程技术人员参考。

　　由于时间仓促加之编者学识和经验有限，书中难免存在疏漏之处，恳请广大读者批评指正。

编者

C O N T E N T S　　　　　　　　　●目录

学习情境 1
废旧汽车回收装置液压系统的设计与装调

 学习目标

（1）能够根据汽车压扁液压控制系统安装和调试的任务要求，制订切实可行的工作计划及实施方案。

（2）掌握部分基本液压元件的工作原理及应用。

（3）能够读懂并设计符合本任务需求的液压系统工作原理图。

（4）初步掌握简单液压系统的安装及调试方法，实现汽车压扁装置的控制要求和功能要求。

（5）初步了解液压系统的故障诊断与排除方法。

（6）锻炼信息收集与处理能力，培养自主学习能力。

（7）培养对工作认真负责、爱岗敬业的职业精神。

 工作情景描述

某废旧汽车回收处理厂正在进行设备升级，现需设计一个废旧汽车报废回收装置（压力机），其驱动系统为液压系统。请同学们分小组领取该任务，分析并讨论任务具体要求；通过各种途径（配套学习资料、微课、论坛等）搜集、学习所需理论知识；小组成员合理分工，讨论并制定设计方案，制订工作计划；领取所需元件和工具，按计划进行设备的安装、调试，调试合格后进行验收交付；总结在完成本任务过程中出现的问题及解决方案，吸取教训；小组自评价，换组互评价，教师总结性评价。

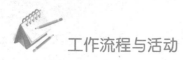 工作流程与活动

工作环节 1　明确任务

学习目标

（1）了解市场大环境，明确任务要求。

（2）准确记录客户需求，分析该液压系统的控制要求。

学习过程

一、领取任务

通过微信扫描下方二维码，观看视频，领取任务。

1－1　废旧汽车的回收与再利用

二、任务分析

（1）根据视频讲解，总结回收报废汽车的步骤。

（2）思考该驱动装置为什么要采用液压系统控制。气动系统可取吗？

（3）结合视频内容及文字描述，绘制设备结构平面图并简单描述其功能。

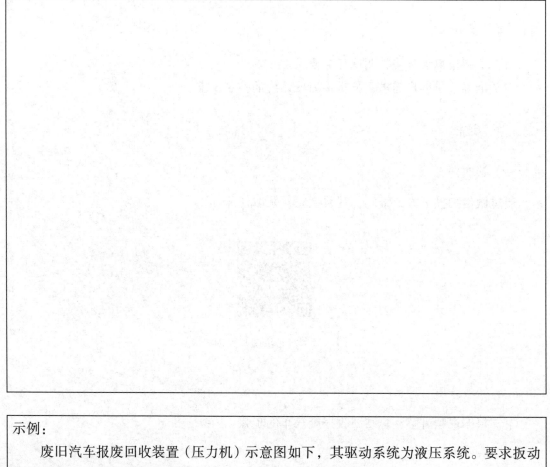

示例：

  废旧汽车报废回收装置（压力机）示意图如下，其驱动系统为液压系统。要求扳动操作手柄，活动臂伸出将汽车压扁，松手后活动臂回到原位。

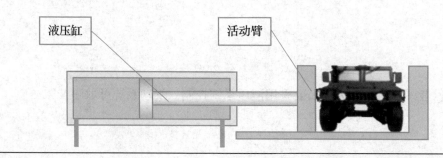

（4）总结液压系统与气动系统的优缺点。

（5）通过微信扫描下方二维码，观看视频，思考该液压控制系统要对哪些参数进行控制，总结液压系统的组成部分。

1－2　液压控制系统

工作环节 2　任务准备

学习目标

（1）掌握液压系统的组成。

（2）掌握液压泵的工作原理及使用方法。

（3）掌握直动式溢流阀、二位手动换向阀、节流阀的工作原理及使用方法。

（4）掌握液压缸的分类、工作原理及使用方法。

（5）掌握 FluidSIM-H 液压回路设计仿真软件的使用方法。

（6）了解简单液压回路的工作原理及设计方法。

（7）初步掌握探究式学习方法。

学习过程

学习建议：

浏览下列问题，然后进行重要知识点的信息收集与学习，方法如下：

（1）查阅书中的"学习参考资料"（图文资料）。

（2）扫描书中的"学习参考资料"中的二维码，学习微课（影音资料）。

（3）通过网络搜索相关知识，浏览液压类微信公众号、论坛等（网络资源）。

回答下列问题：

（1）什么是液压传动?

（2）液压系统由哪几部分组成？将液压系统组成部分的名称填入下图对应的方框内。

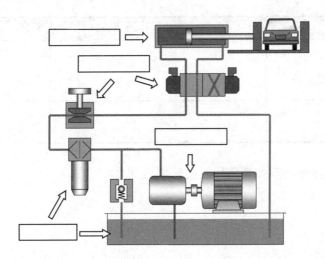

（3）将液压泵的组成部分（动力装置、柱塞、密闭工作容腔、吸油阀、压油阀、油箱）填入下图对应的方框内。

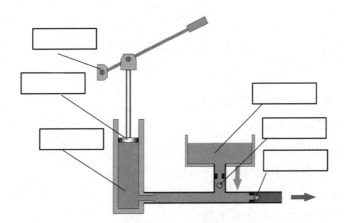

（4）在下图方框中标出齿轮泵的吸油腔和压油腔。

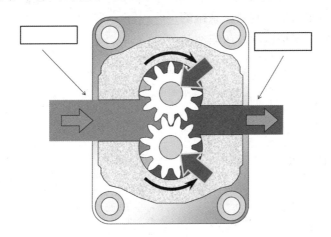

（5）识别液压元件图形符号，并画出下列液压元件的图形符号。

液压元件名称	液压泵	液压缸	二位四通手控换向阀	节流阀	油箱
图形符号					
该元件在液压系统中的作用					

（6）单作用液压缸与双作用液压缸的区别是什么？

（7）将机械能转换成压力能的液压元件是_____。

（8）液压泵按结构不同可分为_____、_____、_____三大类。

（9）液压泵能实现吸油和排油，是由于泵的_____发生变化。

（10）外啮合齿轮泵位于轮齿逐渐进入啮合的一侧是_____。

（11）液压泵的工作压力取决于_____。

（12）液压泵的作用是为液压系统提供_____。

（13）溢流阀控制的是_____（入口／出口）压力，阀口常_____（开／闭）。

（14）换向阀的作用是控制液压系统的_____。

（15）节流阀的作用是控制液压系统的_____。

工作环节 3　计划与决策

📚 | 学习目标

（1）能够根据客户需求制订可行的工作计划。

（2）小组成员能够合理分工。

（3）能够简单操作 FluidSIM-H 仿真软件，小组合作设计出符合任务功能要求的液压回路。

（4）能按照相关规范查阅产品手册，并进行液压元件的选型。

📖 | 学习过程

一、填写工作计划表

工作计划表				
项目名称				
小组成员				
序号	工作内容	计划用时	实际用时	备注
	合计			

二、填写项目小组人员职责分配表

项目小组人员职责分配表			
项目名称			
小组成员			
序号	成员姓名	项目职责说明	备注

三、确定设计方案

1.绘制液压系统原理图

先使用 FluidSIM-H 仿真软件进行液压系统原理图的设计与仿真，然后在下面空白处用尺子手工绘制原理图。

2.简述工作原理

3. 列出设备元件清单

设备元件清单				
位置号	名称	型号	件数	备注

工作环节4 任务实施

📚 学习目标

（1）能够根据设计方案，初步完成液压系统设备的安装和调试。

（2）能够通过组间讨论、跨组讨论、求助教师等方式解决安装和调试过程中出现的问题。

（3）初步了解液压系统的故障诊断与排除方法。

（4）会正确穿戴劳保设备，施工后能按照管理规定清理施工现场。

（5）培养对工作认真负责、爱岗敬业的职业精神。

📖 学习过程

一、液压系统设备的安装和调试

根据设计方案进行液压系统设备的安装和调试（注意事项参见液压试验台说明书）。

确认安装和调试完毕，试车前填写自检表。

自检表			
一、机械安装部分	**正常**	**不正常**	**备注**
1. 所有原件全部安装			
2. 所有螺栓连接是否紧固			
3. 运动部件的轨迹上是否有障碍物			
4. 安装布局符合规范，是否便于操作			
5. 正确选择元器件			
二、液压部分			
1. 油箱液位			
2. 工作压力调整到（ ）bar			
3. 所有管路连接牢固（安装到位）			
4. 管路安装规范（最小弯曲半径 $R \geq 30d$）			
5. 各调节装置运转灵活			
三、功能测试			
1. 液压缸伸出			
2. 液压缸缩回			
四、工作安全性			
1. 是否知晓实训室电源总开关位置			
2. 设备急停功能			

二、记录安装和调试步骤

将操作中遇到的问题如实记录下来。

三、液压系统运行过程中溢流阀操作注意事项

四、故障诊断与排除

（1）本组在试车过程中是否出现故障？分析故障原因并给出解决方案。

（2）通过微信扫描下方二维码观看视频，描述故障现象，分析故障原因并给出解决方案。

1-3　故障分析

故障现象	
故障原因及 解决方案	

工作环节5　总结

📖 | 学习目标

（1）锻炼对文字信息和图像信息的处理能力。

（2）能以小组为单位对学习过程和工作成果进行汇报总结。

（3）锻炼语言表达能力，能在小组内阐述观点。

📚 | 学习过程

一、经验总结

（1）通过微信扫描下方二维码，回看课堂重点内容"液压回路方案设计技巧"和"液压系统安装和调试示范"，提出本组方案中需要优化和改进的地方。

1－4　液压回路的设计　　　1－5　液压回路的搭接

（2）请结合工作过程谈谈你的最大收获。

（3）中国制造成就中国道路，中国智造蕴含中国智慧。本任务设计的汽车压扁装置完美替代了视频中展示的国外的"打包机"。回顾这次设计经历，谈谈如何让自己成为"中国制造2025"急需的"新工科"人才。

二、成果汇报

以小组为单位，通过PPT对本项目的完成过程及个人成长进行汇报（10分钟），教师现场指导与评价（10分钟）。

工作环节 6　评价

🎓 | 学习目标

（1）会解读评价指标，能够对本组的成果进行客观评定。

（2）树立诚实守信、严谨负责的职业道德观。

📚 | 学习过程

工作过程评价表							
项目名称							
小组成员			试验台				
序号	项目内容	评价要素	配分	自评	互评	教师评	备注
一、工作计划（10%）	工作计划书	工作顺序合理、步骤详细	4				
		职责清晰，分工明确、具体、合理	2				
		时间预计准确	2				
		场地及设备规划合理	1				
		部门协调联动，考虑周全	1				
二、方案设计（40%）	1.总体设计 2.回路设计 3.参数控制	合作设计，决策合理	10				
		功能实现完整	20				
		结构清晰，所选元件简单实用	5				
		调试方便，参数设置可控	5				
三、设备安装和调试（30%）	1.元件选择 2.设备安装和调试 3.设备检测 4.故障诊断及排除	元件选择合理	5				
		连接牢固，无泄漏	5				
		布局合理，符合行业规范	5				
		操作合理，工具使用正确	5				
		安全第一，文明生产	5				
		故障判断迅速、准确	5				
四、文档编辑（10%）	1.信息收集 2.文档制作 3.图像影像处理 4.成果展示	充分利用网络及工具书	2				
		熟练使用办公软件和图像处理软件	2				
		内容总结全面，逻辑清晰	2				
		演示内容清晰，语言流畅	2				
		问题回答清晰、准确	2				

续表

序号	项目内容	评价要素	配分	自评	互评	教师评	备注
五、劳动纪律和工作态度（10%）	1. 劳动纪律 2. 工作态度 3. 安全意识 4. 团队合作 5. 时限进度	遵章守制，全勤	2				
		工作主动，责任心强	2				
		劳保用品穿戴整齐	2				
		团队合作良好	2				
		按时完成工作任务	2				
学员签字		合计	100				
		指导教师					

知识巩固与练习

一、选择题

1. 在液压系统中，液压泵是（　　　）。

A. 辅助元件

B. 动力元件

C. 执行元件

D. 控制元件

2. 将机械能转换成压力能的液压元件是（　　　）。

A. 液压缸

B. 液压马达

C. 液压泵

D. 溢流阀

3. 液压泵能实现吸油和排油，是由于泵的（　　　）发生变化。

A. 动能

B. 压力能

C. 流动方向

D. 密闭容积

4. 外啮合齿轮泵的（　　　）位于轮齿逐渐进入啮合的一侧。

A. 吸油腔

B. 压油腔

C. 两者都有可能

D. 两者都不是

5. 下列选项中，属于变量泵的是（　　　）。

A. 齿轮泵

B. 单作用叶片泵

C. 轴向柱塞泵

D. 双作用叶片泵

6. 通过改变转子和定子的偏心距来改变流量的液压泵是（　　　）。

A. 外啮合齿轮泵

B. 单作用叶片泵

C. 斜盘式轴向柱塞泵

D. 双作用叶片泵

7. 液压元件  是（ ）。

A. 双向定量泵

B. 双向定量马达

C. 单向变量泵

D. 单向变量马达

8. 直动式溢流阀的图形符号是（ ）。

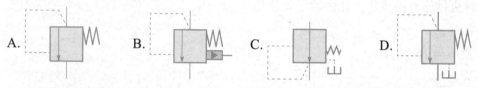

9. 直动式溢流阀的阀芯后面的弹簧是软弹簧。（ ）

A. 对

B. 错

10. 溢流阀为（ ）压力控制，阀口常（ ）。

A. 出口 闭

B. 进口 闭

C. 出口 开

D. 进口 开

11. 两个开启压力分别为 5MPa 和 10MPa 的溢流阀并联在液压泵的出口，那么泵的出口压力为（ ）。

A.20MPa

B.15MPa

C.10MPa

D.5MPa

12. 液压元件 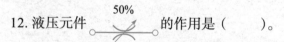 的作用是（ ）。

A. 控制液压系统流量

B. 只允许油液单向流动，不能反向流动

C. 可控制油液单向流动，特殊情况下也可反向流动

D. 控制液压系统压力

13. 双活塞杆液压缸又称双作用缸，单活塞杆液压缸又称单作用缸。（ ）

A. 对

B. 错

14. 加工柱塞缸时，由于柱塞与缸筒内壁不接触，因此缸筒内壁不需要精加工。（　　　）

A. 对

B. 错

15. 柱塞缸可作双作用缸。（　　　）

A. 对

B. 错

16. 液压元件 ▭▭ 是（　　　）。

A. 单活塞杆双作用缸

B. 双活塞杆双作用缸

C. 单活塞杆单作用缸

D. 双活塞杆单作用缸

二、分析题

分析下图所示的液压回路，溢流阀调定压力为 5MPa，减压阀调定压力为 1.5MPa，活塞运动时的负载压力为 1MPa，其他压力损失不计。活塞没有碰到死挡铁时 A 点的压力为多少？活塞碰到死挡铁后 A 点的压力为多少？

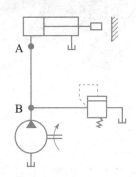

学习参考资料

一、液压传动

液压传动的应用始于 18 世纪末，即 1795 年英国制造的第一台水压机；发展于 20 世纪四五十年代。与机械传动相比，液压传动还是比较年轻的技术。近年来，随着机电一体化技术的发展，液压与气压传动技术和电气结合，已经成为一门包括传动、控制和检测在内的完整的自动控制技术。成为实现工业自动化的一种重要手段，具有广阔的发展前景。

1. 液压传动系统的概念

液压传动是利用液体的压力能传递动力的一种传动形式，液压传动的过程是将机械能进行转换和传递的过程。液压传动技术在机械加工、汽车装配、冶金等领域中应用广泛。液压传动技术的应用如图 1-1 所示。

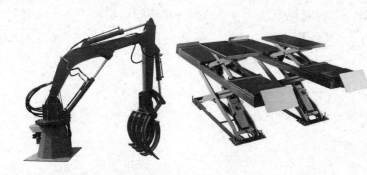

图 1-1　液压传动技术的应用

2. 液压系统的特点

通过具有一定压力的液体来传动，传动过程中必须经过两次能量转换，即机械能—液压能—机械能，传动必须在密封容器内进行，而且容积要发生变化。

3. 液压系统的组成

液压系统组成示意图如图 1-2 所示。

动力装置：最常见的形式就是液压泵，是将原动机输出的机械能转换成油液的液压能的装置。其作用是向液压系统提供压力油。

执行装置：包括液压缸和液压马达，是将油液的液压能转换成驱动负载运动的机械能的装置。

控制调节装置：包括压力、流量和方向等控制阀，是对系统中油液压力、流量或流动方向进行控制或调节的装置。

辅助装置：上述三部分以外的装置，如油箱、过滤器、油管等。辅助装置对液压系统正常工作同样起着重要的作用。

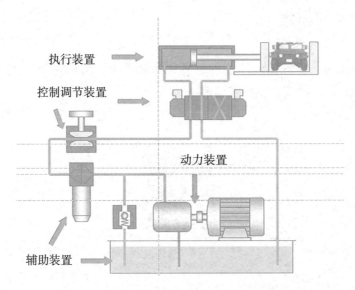

执行装置

控制调节装置

动力装置

辅助装置

图 1 - 2 液压系统组成示意图

4.液压传动的特点

优点如下:

（1）液压传动装置运动平稳、反应快、惯性小，能高速启动、制动和换向。

（2）在同等功率情况下，液压传动装置体积小、重量轻、结构紧凑。例如，同功率液压马达的重量只有电动机的 10% ～ 20%。

（3）液压传动装置能在运行中方便地实现无级调速，且调速范围最大可达 1：2 000（一般为 1：100）。

（4）操作简单、方便，易于实现自动化。液压传动装置与电气装置联合控制时，能实现复杂的自动工作循环和远距离控制。

（5）易于实现过载保护。液压元件能自行润滑，使用寿命较长。

（6）液压元件实现了标准化、系列化、通用化，便于设计、制造和使用。

缺点如下:

（1）液压传动不能保证严格的传动比，这是由于液压油的可压缩性和泄漏造成的。

（2）液压传动对油温变化较敏感，这会影响它的工作稳定性。因此液压传动装置不宜在很高或很低的温度下工作，工作温度范围在 -15℃～ 60℃较合适。

（3）为了减少泄漏，液压元件的制造精度要求较高，因此其造价高，且对油液中的杂质比较敏感。

（4）液压传动装置出现故障时不易查找原因。

（5）在能量转换（机械能—液压能—机械能）的过程中，特别是在节流调速系统中，压力、流量损失较大，故系统效率较低。

二、液压泵

1.液压泵的概念

将机械能转换为液压油的液压能的装置称为液压泵，可为系统提供足够流量和压力的液压油，必要时可以改变供油的流量和方向。

2.液压泵的工作原理

1-6 液压泵

液压传动系统中使用的液压泵和液压马达都是容积式的。液压泵的工作原理如图1-3所示，当动力装置的手柄压下时，密封工作腔的容积逐渐减小，油液在压力的作用下，通过压油阀进入系统；当动力装置的手柄上抬时，密封工作腔的容积逐渐增大，油箱中的油液通过吸油阀进入泵体。动力装置不停循环，泵就不停地吸油和压油。

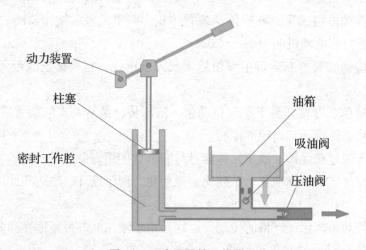

图1-3 液压泵的工作原理

由此可见，液压泵输出的流量取决于密封工作腔容积变化的大小；泵的输出压力取决于油液从工作腔排出时所遇到的阻力。

液压泵工作的3个必备条件如下：

（1）密闭容积且大小可变。

（2）周期性的运动机构。容积由小变大为吸油，容积由大变小为压油。

（3）有配流机构。密闭容积增大到极限时，要先与吸油腔隔开，再转为排油；减小到极限时，要先与排油腔隔开，再转为吸油。

3.液压泵的图形符号

液压泵的图形符号如图 1-4 所示。

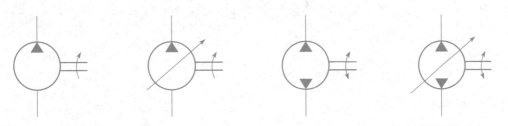

（a）单向定量液压泵　　　（b）单向变量液压泵　　　（c）双向定量液压泵　　　（d）双向变量液压泵

图 1-4　液压泵的图形符号

4.液压泵的分类

液压泵的分类方式有很多，可按压力的大小分为低压泵、中压泵和高压泵；也可按流量是否可调节分为定量泵和变量泵；还可按泵的结构分为齿轮泵、叶片泵和柱塞泵，其中，齿轮泵和叶片泵多用于中、低压系统，柱塞泵多用于高压系统。

（1）齿轮泵。

1-7　外啮合齿轮泵

齿轮泵按结构形式可分为外啮合和内啮合两种，内啮合齿轮泵应用较少，故我们只介绍外啮合齿轮泵。外啮合齿轮泵具有结构简单、紧凑，易制造，成本低，对油液污染不敏感，工作可靠，维护方便，寿命长等优点，故广泛应用于各种低压系统中。随着齿轮泵在结构上的不断完善，中、高压齿轮泵的应用逐渐增多。目前，高压齿轮泵的工作压力可达 14MPa～21MPa。齿轮泵的工作原理如图 1-5 所示。

齿轮泵的左侧为吸油腔，相互啮合的轮齿逐渐脱开，密封工作腔的容积逐渐增大，形成部分真空，油箱中的油液被吸进来。齿轮泵的右侧为压油区，由于轮齿逐渐啮合，密封工作腔的容积不断减小，油液便被挤出去。

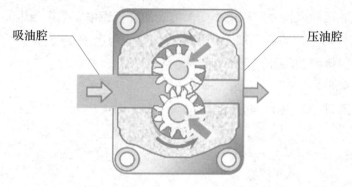

图 1-5　齿轮泵的工作原理

（2）叶片泵。

1）单作用叶片泵。

1-8　叶片泵

单作用叶片泵的工作原理如图 1-6 所示。单作用叶片泵由转子、定子、叶片以及端盖组成，转子与定子偏心安装。当转子旋转时，叶片在油压和离心力的作用下沿转子槽向外滑出，顶在定子上，与前后端盖形成密闭容腔。当转子逆时针旋转时，右侧容腔逐渐增大，形成吸油腔，左侧容腔逐渐减小，形成压油腔。转子每旋转一周，即完成一次吸油和压油，因此称为单作用叶片泵。

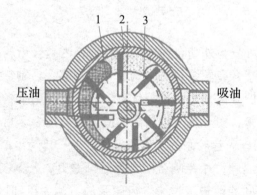

图 1-6　单作用叶片泵的工作原理
1—转子；2—定子；3—叶片

改变转子与定子的偏心量即可改变泵的流量,偏心量越大,泵的流量越大,几乎同心时的流量接近零。因此单作用叶片泵大多为变量泵。

叶片泵的优点是运转平稳,压力脉动小,噪声小,结构紧凑,尺寸小,流量大。其缺点也比较明显,包括对油液要求高,如油液中有杂质,则叶片容易卡死;与齿轮泵相比结构较复杂。叶片泵广泛应用于机械制造领域的专用机床、自动线等中、低压液压系统中。

使用叶片泵时要注意以下几点:①油液黏度要合适,转速不能太低,500 ~ 1 500rpm 为宜。②保持油液清洁。③通常只能单向旋转,如果旋转方向错误,会导致叶片折断。

2)双作用叶片泵。

双作用叶片泵的工作原理和使用场合与单作用叶片泵相似,其工作原理如图 1-7 所示。定子内表面为近似椭圆形,定子与转子同轴安装,转子每旋转一圈,完成两次吸油和压油。由于其吸油区与压油区对称,因此无径向不平衡力。

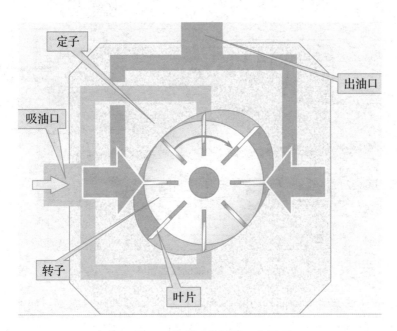

图 1-7　双作用叶片泵的工作原理

(3)柱塞泵。

1-9　柱塞泵

柱塞泵是液压系统的一个重要装置，通过柱塞在缸体中往复运动，使密封工作容腔的容积发生变化来实现吸油和压油。柱塞泵具有额定压力高、结构紧凑、效率高和流量调节方便等优点，被广泛应用于高压、大流量和流量需要调节的场合，如液压机、工程机械和船舶中。

柱塞泵分为轴向柱塞泵和径向柱塞泵两种具有代表性的结构形式。

轴向柱塞泵如图 1-8 所示，利用与传动轴平行的柱塞在柱塞孔内往复运动所产生的容积变化进行工作。由于柱塞和柱塞孔都是圆形零件，加工时可以达到很高的配合精度，因此具有容积效率高、运转平稳、流量均匀性好、噪声低、工作压力高等优点，但对油液污染较敏感，结构较复杂，造价较高。

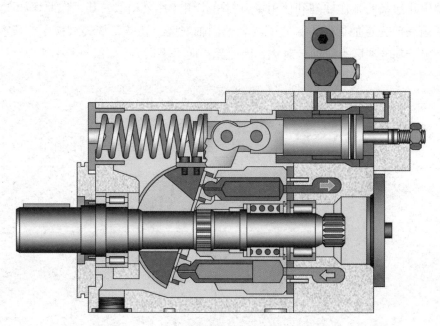

图 1-8　轴向柱塞泵

径向柱塞泵是活塞或柱塞的往复运动方向与驱动轴垂直的柱塞泵，如图 1-9 所示。

驱动扭矩由驱动轴通过十字联轴器传递给星形的液压缸体转子，定子不受其他横向作用力。转子装在配流轴上，位于转子中的径向布置的柱塞通过静压平衡的滑靴紧贴着偏心行程定子。柱塞与滑靴球铰相连并通过卡簧锁定。两个保持环将滑靴卡在行程定子上。泵转动时，柱塞和滑靴依靠离心力和液压力压在定子内表面上。转子转动时，由于定子的偏心作用，柱塞将做往复运动，它的行程是定子偏心距的 2 倍。定子的偏心距可通过泵体上的径向位置相对的两个柱塞来调节。

油液通过泵体和配流轴上的流道进出，并由配流轴上的吸油口控制，泵体内产生的液压力被静压平衡的表面所吸收。摩擦副的静压平衡采取过平衡压力补偿的方法，构成开环控制。驱动轴的轴承只起支承作用，不受其他外力影响。

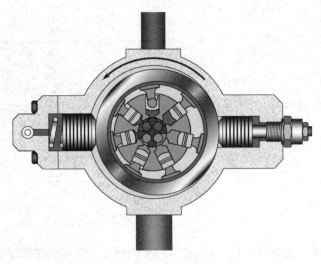

图 1-9　径向柱塞泵

三、溢流阀

1.溢流阀的工作原理

1-10　溢流阀

溢流阀可依靠阀芯的调节作用使阀的进口压力不超过或保持调节值，从而实现稳压、调压或限压。

溢流阀按其结构原理可分为直动式溢流阀和先导式溢流阀两类。直动式溢流阀用于低压系统，先导式溢流阀用于中、高压系统。直动式溢流阀的结构及图形符号如图 1-10 所示，阀芯在调压弹簧的作用下压在阀座上，P 口进油，当液压力小于弹簧力时，阀口关闭；当液压力大于弹簧力时，阀口打开，液压油从 T 口流回油箱，从而保证进口压力基本恒定。调节手轮即可改变弹簧的预压力，即调整溢流阀的压力。

2.溢流阀的应用

根据溢流阀在液压系统中所起的作用，溢流阀可作定压阀、安全阀、卸荷阀和背压阀使用。

（1）用作定压阀，阀芯常开，如图 1-11（a）所示的溢流阀 1。

（2）用作安全阀，阀芯常闭，如图 1-11（b）所示。

（3）用作卸荷阀，如图 1-11（c）所示。

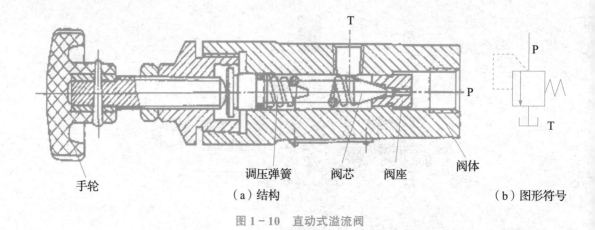

手轮　　　　　　　调压弹簧　阀芯　阀座　　　阀体

（a）结构　　　　　　　　　　　　　（b）图形符号

图 1 - 10　直动式溢流阀

（4）用作背压阀，如图 1 - 11（a）所示的溢流阀 2，将其接在回油路上可对回油产生阻力，即形成背压，利用背压可提高执行元件的运动平稳性。

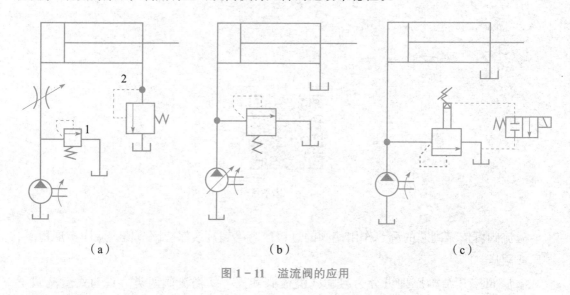

（a）　　　　　　　　　　（b）　　　　　　　　　　（c）

图 1 - 11　溢流阀的应用

四、流量控制阀——节流阀

1 - 11　节流阀

流量控制阀是靠改变阀口通流截面面积的大小来控制流量，达到调节执行元件运动速度的目的。常用的流量控制阀有节流阀和调速阀。

　　节流阀的结构及图形符号如图 1-12 所示，压力油从进油口 P1 流入，经节流口从 P2 流出。节流口的形式为轴向三角槽式。调节手轮可使阀芯轴向移动，改变节流口的通流截面面积，从而调节流量。

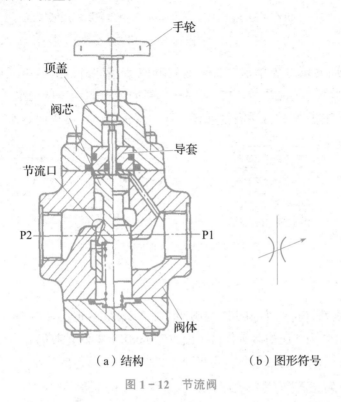

（a）结构　　　　　　　　　　（b）图形符号

图 1-12　节流阀

　　节流阀具有结构简单、体积小、使用方便、成本低的优点。但负载和温度的变化对流量稳定性的影响较大，因此只适用于负载和温度变化不大或对速度稳定性要求不高的液压系统。

五、液压缸

1-12　液压缸

　　液压缸按其作用方式不同可分为单作用式和双作用式两种，如图 1-13 所示。单作用液压缸只有一个油口，靠液压力伸出，靠外力或弹簧缩回。双作用液压缸有两个油口，伸出和缩回均靠液压力。

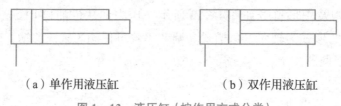

（a）单作用液压缸　　　　　　（b）双作用液压缸

图1-13　液压缸（按作用方式分类）

按活塞杆不同又可分为单活塞杆液压缸和双活塞杆液压缸两种，如图1-14所示。顾名思义，单活塞杆液压缸仅单边有活塞杆，双向液压驱动，两向推力和速度不等，应用较广。双活塞杆液压缸的双边有活塞杆，双向液压驱动，可实现等速往复运动。

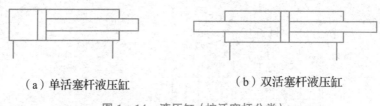

（a）单活塞杆液压缸　　　　　　（b）双活塞杆液压缸

图1-14　液压缸（按活塞杆分类）

六、FluidSIM-H 仿真软件的使用方法

FluidSIM 仿真软件可分为 FluidSIM-H 和 FluidSIM-P 两种，其中 FluidSIM-H 为液压仿真软件，FluidSIM-P 为气压仿真软件。下面以 FluidSIM-H 为例来介绍其使用方法，在桌面双击"FluidSIM-H"图标打开软件，主界面如图1-15所示，单击左上角的"新建"按钮。

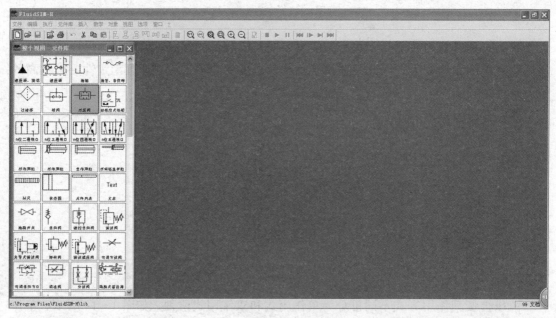

图1-15　"FluidSIM-H"仿真软件的主界面

主界面左侧为元件库，可直接将元件拖曳至回路搭建区域，如图1-16所示。

图 1-16　元件库及回路搭建区域

回路搭建好之后，单击相应的仿真按钮，即可进行仿真等操作，包括停止、启动、暂停、复位和重新启动仿真、按单步模式仿真、仿真至系统状态变化，如图 1-17 所示。

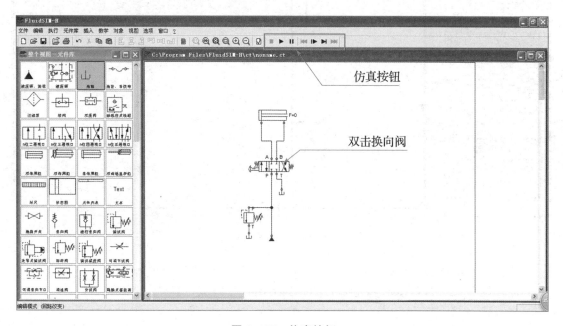

图 1-17　仿真按钮

搭建回路时，双击换向阀打开"配置换向阀结构"对话框，可在对话框中调整控制方式以及阀体的数量和方向，如图 1-18 所示。

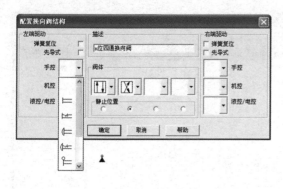
（a）调整控制方式

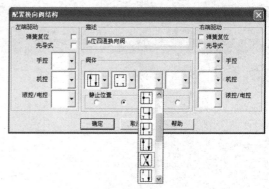
（b）调整阀体的数量和方向

图 1 – 18　"配置换向阀结构"对话框

　　单击仿真启动按钮，再单击换向阀控制手柄，开始仿真，如图 1 – 19 所示。有压力的油用深红色表示，无压力管路不变化。

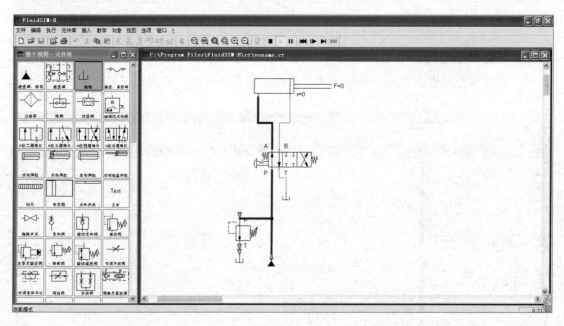

图 1 – 19　开始仿真

学习情境 2

硫化罐罐门启闭液压系统的设计与装调

 学习目标

（1）根据硫化罐罐门启闭液压系统的任务要求，制订切实可行的工作计划及实施方案。

（2）掌握控制系统压力、速度、方向液压元件的工作原理及使用方法。

（3）理解调压调速液压回路的工作原理。

（4）掌握液压系统的安装及调试方法，实现硫化罐罐门启闭液压系统的控制要求和功能要求。

（5）熟悉液压系统的故障诊断与排除方法。

（6）提高信息收集与处理能力，初步掌握探究式学习方法。

（7）增强对工作细节的把控能力，追求精益求精的职业精神。

 工作情景描述

硫化罐是将橡胶制品用蒸汽进行硫化处理的设备，属于需频繁启闭的压力容器。现需设计一个硫化罐罐门自动开启/关闭装置，其驱动系统为液压系统。请同学们分小组领取该任务，分析并讨论任务具体要求；通过各种途径（配套学习资料、微课、论坛等）搜集、学习所需理论知识；小组成员合理分工，讨论并制定设计方案，制订工作计划；领取所需元件和工具，按计划进行设备的安装、调试，调试合格后进行验收交付；总结在完成本任务过程中出现的问题及解决方案，吸取教训；小组自评价，换组互评价，教师总结性评价。

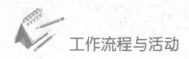

工作流程与活动

工作环节 1   明确任务

 学习目标

（1）了解市场大环境，明确任务要求。
（2）准确记录客户需求，分析该液压系统的控制要求。

学习过程

一、领取任务

通过微信扫描下方二维码，观看视频，领取任务。

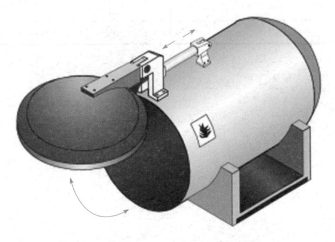

2-1   硫化罐罐门的开启和关闭

熟悉硫化罐罐门开启/关闭机构。

硫化罐罐门开启/关闭机构示意图

二、任务分析

（1）根据视频讲解，描述硫化罐罐门开启/关闭对液压系统的功能要求。

例：罐门开启方式	例：向左搬动操作手柄
罐门关闭方式	
罐门停在任意位置	
罐门开启 / 关闭速度要求	

（2）思考：液压缸活塞杆的伸出和缩回动作与罐门的开启和关闭过程是如何对应的？将对应的功能连线。

液压缸活塞杆伸出　　　　　　　　锅炉门开启

液压缸活塞杆缩回　　　　　　　　锅炉门关闭

（3）通过视频中提出的任务要求，记录该液压控制系统给出的参数，并列出还需要计算哪些参数。

已知液压系统参数	需计算的液压系统参数

工作环节 2　任务准备

学习目标

（1）能正确计算液压系统压力、速度等参数。
（2）了解先导式溢流阀、单向阀、单向节流阀的结构及工作原理。
（3）掌握换向阀的"位"和"通"以及中位机能的应用。
（4）能够读懂先导式溢流阀主导的调压回路。
（5）掌握单向节流阀主导的调速回路的设计及控制方法。
（6）学会使用仿真软件设置换向阀中位机能及控制方式。
（7）提高信息收集与处理能力，初步掌握探究式学习方法。

学习过程

学习建议：

浏览下列问题，然后进行重要知识点的信息收集与学习，方法如下：

（1）查阅书中的"学习参考资料"（图文资料）。
（2）扫描书中的"学习参考资料"中的二维码，学习微课（影音资料）。
（3）通过网络搜索相关知识，浏览液压类微信公众号、论坛等（网络资源）。

回答下列问题：

（1）液压系统中计算压力 P 的公式是什么？液压系统的压力与什么有关？

（2）液压系统中计算平均速度 v 的公式是什么？液压系统中执行元件的速度与什么有关？

（3）将先导式溢流阀重要组成部分（先导阀弹簧、先导阀阀芯、阻尼孔、主阀芯、主阀弹簧、进油口、出油口、调压手轮）的名称填入下图对应的方框内。

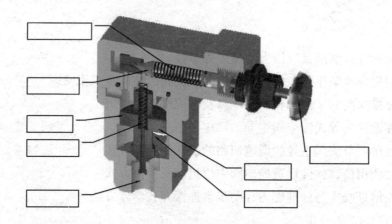

（4）下图所示的液压元件能实现双向调速还是单向调速？若是单向调速，调节的是哪个方向的速度？在方框中填入结构名称。

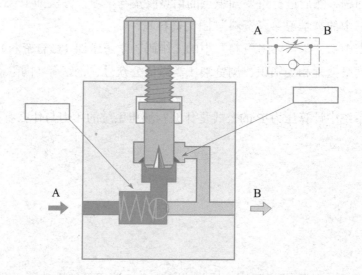

（5）识别换向阀的"位"和"通"，写出下列液压元件的全称。

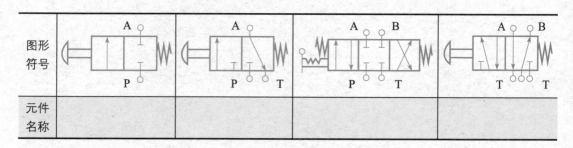

（6）识别下列三位换向阀的中位机能并简单描述其应用场合。

图形符号	A ⊥⊥⊥ B ↑↑↓ P T	A ⊥⊥ B ↑↑↓ P T	A ⊥⊥ B ↑↑↓ P T	A ⊥⊥ B ↑↑↓ P T
中位机能				
应用场合				

（7）如下图所示的液压系统，泵的额定压力为 15MPa，先导式溢流阀的先导阀调定压力为 5MPa，直动式溢流阀（遥控阀）的调定压力分别为 3Mpa 和 8MPa，当液压缸受到极大外载荷时，将对应的 A 点压力填入表格内。

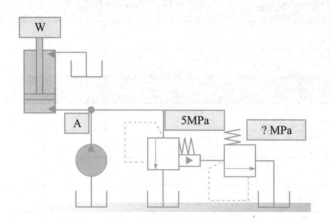

直动式溢流阀的调定压力	A 点压力
3MPa	
8MPa	

工作环节3 计划与决策

📚 | 学习目标

（1）能够根据客户需求制订可行的工作计划。

（2）小组分工时，考虑到小组各成员的性格特点与技能水平。

（3）熟练操作 FluidSIM-H 仿真软件，独立设计出符合要求的液压回路。

（4）分析各小组设计的回路，总结出本组最优方案。

（5）能按照相关规范查阅产品手册，并进行液压元件的选型。

📖 | 学习过程

一、填写工作计划表

工作计划表				
项目名称				
小组成员				
序号	工作内容	计划用时	实际用时	备注
	合计			

二、填写项目小组人员职责分配表

项目小组人员职责分配表			
项目名称			
小组成员			
序号	成员姓名	项目职责说明	备注

三、确定设计方案

1. 计算液压系统参数

（1）根据所给参数计算液压缸缸筒内壁直径 D 和活塞杆直径 d。

（2）根据所给参数计算液压缸伸出的速度 v_1 和液压缸缩回的速度 v_2（在不调速的工况下进行计算）。

2. 绘制液压系统原理图

先使用 FluidSIM-H 仿真软件进行液压系统原理图的设计与仿真，然后在下面空白处用尺子手工绘制原理图。

3. 简述工作原理

4. 列出设备元件清单

设备元件清单				
位置号	名称	型号	件数	备注

工作环节 4　任务实施

学习目标

（1）能够根据设计方案，熟练完成液压系统设备的安装和调试。

（2）能够通过组间讨论、跨组讨论、复查资料、网络求助等手段解决在安装和调试过程中出现的问题。

（3）熟悉液压系统的故障诊断与排除方法。

（4）会正确穿戴劳保设备，施工后能按照管理规定清理施工现场。

（5）增强对工作细节的把控能力，追求精益求精的职业精神。

学习过程

一、液压系统设备的安装和调试

根据设计方案进行液压系统设备的安装和调试（注意事项参见液压试验台说明书）。

确认安装和调试完毕，试车前填写自检表。

自检表			
一、机械安装部分	正常	不正常	备注
1. 所有原件全部安装			
2. 所有螺栓连接是否紧固			
3. 运动部件的轨迹上是否有障碍物			
4. 安装布局符合规范，是否便于操作			
5. 正确选择元器件			
二、液压部分			
1. 油箱液位			
2. 工作压力调整到（　　　）bar			
3. 所有管路连接牢固（安装到位）			
4. 管路安装规范（最小弯曲半径 $R \geq 30d$）			
5. 各调节装置运转灵活			
三、功能测试			
1. 液压缸伸出			
2. 液压缸缩回			
四、工作安全性			
1. 是否知晓实训室电源总开关位置			
2. 设备急停功能			

二、记录安装和调试步骤

将操作中遇到的问题如实记录下来。

三、分析

分析本系统中对换向阀的操作与"学习情境 1"中的换向阀操作有何不同？

四、故障诊断与排除

（1）本组在试车过程中是否出现故障？分析故障原因，并给出解决方案。

（2）通过微信扫描下方二维码观看视频，描述故障现象，分析故障原因并给出解决方案。

2－2　故障分析

故障现象	
故障原因及 解决方案	

工作环节 5　总结

学习目标

（1）提高对文字信息、图像信息、影像信息的处理能力与总结能力。

（2）能以小组为单位对学习过程和工作成果进行汇报总结。

（3）提高语言表达能力，能面对全班进行汇报。

（4）工作严谨，弘扬精益求精的工匠精神。

学习过程

一、经验总结

（1）通过微信扫描下方二维码，回看课堂重点内容"液压回路方案设计技巧"和"液压系统安装和调试示范"，提出本组方案中需要优化和改进的地方。

2-3　液压回路的设计　　　　　　2-4　液压回路的搭接

（2）本任务中，液压缸能够停在当前位置应用的是换向阀的 O 型中位机能，因为换向阀属于滑阀，所以这种方式只能实现短时间停留，存在安全隐患。

思考：能否进行技术改进，实现液压缸长时间安全停留在任意位置。

关键词：液控单向阀、液压锁。

（3）品味《诗经》，其中的"如切如磋，如琢如磨"反映了古代工匠的什么精神？谈谈如何将这种精神运用到学习和工作中。

二、成果汇报

以小组为单位，通过PPT、海报、思维导图等形式对本项目的完成过程及个人成长进行汇报（15分钟），别组提问及教师现场指导与评价（10分钟）。

建议：小组代表进行演讲，组员负责回答别组提问。汇报时使用专业术语。

工作环节 6　评价

学习目标

（1）会解读评价指标，能够对本组的成果进行客观评定。

（2）树立诚实守信、严谨负责的职业道德观。

学习过程

<table>
<tr><th colspan="9">工作过程评价表</th></tr>
<tr><td>项目名称</td><td colspan="8"></td></tr>
<tr><td>小组成员</td><td colspan="4"></td><td>试验台</td><td colspan="3"></td></tr>
<tr><td>序号</td><td>项目内容</td><td>评价要素</td><td>配分</td><td>自评</td><td>互评</td><td>教师评</td><td>备注</td></tr>
<tr><td rowspan="5">一、工作计划（10%）</td><td rowspan="5">工作计划书</td><td>工作顺序合理、步骤详细</td><td>4</td><td></td><td></td><td></td><td></td></tr>
<tr><td>职责清晰，分工明确、具体、合理</td><td>2</td><td></td><td></td><td></td><td></td></tr>
<tr><td>时间预计准确</td><td>2</td><td></td><td></td><td></td><td></td></tr>
<tr><td>场地及设备规划合理</td><td>1</td><td></td><td></td><td></td><td></td></tr>
<tr><td>部门协调联动，考虑周全</td><td>1</td><td></td><td></td><td></td><td></td></tr>
<tr><td rowspan="4">二、方案设计（40%）</td><td rowspan="4">1. 总体设计
2. 回路设计
3. 参数控制</td><td>合作设计，决策合理</td><td>10</td><td></td><td></td><td></td><td></td></tr>
<tr><td>功能实现完整</td><td>20</td><td></td><td></td><td></td><td></td></tr>
<tr><td>结构清晰，所选元件简单实用</td><td>5</td><td></td><td></td><td></td><td></td></tr>
<tr><td>调试方便，参数设置可控</td><td>5</td><td></td><td></td><td></td><td></td></tr>
<tr><td rowspan="6">三、设备安装和调试（30%）</td><td rowspan="6">1. 元件选择
2. 设备安装和调试
3. 设备检测
4. 故障诊断及排除</td><td>元件选择合理</td><td>5</td><td></td><td></td><td></td><td></td></tr>
<tr><td>连接牢固，无泄漏</td><td>5</td><td></td><td></td><td></td><td></td></tr>
<tr><td>布局合理，符合行业规范</td><td>5</td><td></td><td></td><td></td><td></td></tr>
<tr><td>操作合理，工具使用正确</td><td>5</td><td></td><td></td><td></td><td></td></tr>
<tr><td>安全第一，文明生产</td><td>5</td><td></td><td></td><td></td><td></td></tr>
<tr><td>故障判断迅速、准确</td><td>5</td><td></td><td></td><td></td><td></td></tr>
<tr><td rowspan="5">四、文档编辑（10%）</td><td rowspan="5">1. 信息收集
2. 文档制作
3. 图像影像处理
4. 成果展示</td><td>充分利用网络及工具书</td><td>2</td><td></td><td></td><td></td><td></td></tr>
<tr><td>熟练使用办公软件和图像处理软件</td><td>2</td><td></td><td></td><td></td><td></td></tr>
<tr><td>内容总结全面，逻辑清晰</td><td>2</td><td></td><td></td><td></td><td></td></tr>
<tr><td>演示内容清晰，语言流畅</td><td>2</td><td></td><td></td><td></td><td></td></tr>
<tr><td>问题回答清晰、准确</td><td>2</td><td></td><td></td><td></td><td></td></tr>
</table>

续表

序号	项目内容		评价要素	配分	自评	互评	教师评	备注
五、劳动纪律和工作态度（10%）	1. 劳动纪律 2. 工作态度 3. 安全意识 4. 团队合作 5. 时限进度		遵章守制，全勤	2				
			工作主动，责任心强	2				
			劳保用品穿戴整齐	2				
			团队合作良好	2				
			按时完成工作任务	2				
学员签字			合计	100				
			指导教师					

知识巩固与练习

一、选择题

1. 下列元件中，属于压力阀的是（　　　）。

A. 先导式溢流阀

B. 液控单向阀

C. 换向阀

D. 单向节流阀

2. 先导式溢流阀的图形符号是（　　　）。

A. 　　B. 　　C. 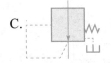　　D.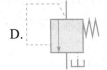

3. 先导式溢流阀的调定压力取决于（　　　）。

A. 先导阀弹簧

B. 主阀弹簧

4. 图形符号（　　　）表示二位四通换向阀。

A. 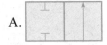　　B. 　　C. 　　D.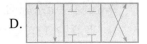

5. 关于换向阀的图形符号，下列说法正确的是（　　　）。

A. 在液压系统原理图中，换向阀的图形符号与油路连接时，一般画在常态位

B. 对于二位阀，没有复位弹簧的那个方框为常态位

C. 控制方式和复位弹簧的符号画在方框的两侧

D. 常态位上应标出油口的代号

6. 中位机能是（　　　）的换向阀在中位时可实现系统卸荷。

A. Y 型

B. O 型

C. M 型

D. P 型

7. 中位机能是（　　　）的换向阀在中位时可实现缸闭锁，泵卸荷。

A. Y 型

B. O 型

C. M 型

D. H 型

8.换向阀的作用是控制执行元件的（　　）。

A. 压力

B. 速度

C. 运动方向

D. 流量

9.液压元件 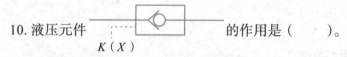 的作用是（　　）。

A. 控制液压系统的流量

B. 只允许油液单向流动，不能反向流动

C. 可控制油液单向流动，特殊情况下也可反向流动

D. 控制液压系统的压力

10.液压元件　　　　　　　　　　的作用是（　　）。

A. 只允许油液从左向右流动，不能反向流动

B. 只允许油液从右向左流动，不能反向流动

C. K口控制油液时，既允许油液从左向右流动，又允许反向流动

D. 控制液压系统的压力

11.当液控口有压力油时，液控单向阀等同于普通单向阀（　　）。

A. 对

B. 错

12.液压元件　　　　　　　　的作用是（　　）。

A. 只允许油液从下向上流动，不能反向流动

B. 只能调节油液从下向上流动的速度

C. 只能调节油液从上向下流动的速度

D. 既能调节油液从上向下流动的速度，又能调节油液从下向上流动的速度

二、分析题

液压系统如下图所示，泵的额定压力为10MPa，先导式溢流阀的先导阀调定压力为6MPa，直动式溢流阀（遥控阀）的调定压力为2MPa，计算1YA线圈通电和断电情况下A点的压力分别是多少？

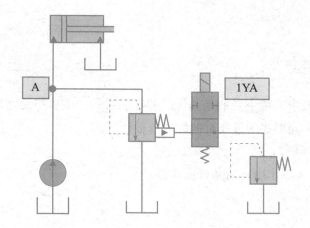

学习参考资料

一、液压系统参数计算

液压系统的参数中，最主要的是液压缸的性能参数，主要指活塞的运动速度和推力。下面分别讲解 3 种不同形式的液压缸的性能参数计算。

1. 双活塞杆液压缸

如图 2-1 所示为双作用双活塞杆液压缸。

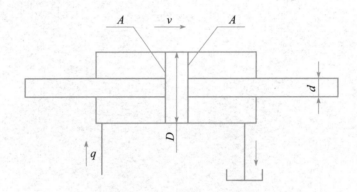

图 2-1　双作用双活塞杆液压缸

q—输入流量；A—活塞有效工作面积；D—活塞直径；d—活塞杆直径

若泵输入液压缸的流量为 q，左腔压力为 p_1，右腔压力为 p_2，那么液压缸活塞杆压力和速度的计算公式如下：

$$v = \frac{q}{A} = \frac{q}{\pi(D^2 - d^2)}$$

$$F = \frac{\pi}{4}(D^2 - d^2)(p_1 - p_2)$$

因为双活塞杆液压缸的活塞杆的两侧直径相等，即两侧面积都为 A，所以当压力相同时，液压缸双向推力相等；流量相同时，液压缸双向运动速度相等。

2. 单活塞杆液压缸

（1）无杆腔进油。

如图 2-2 所示，若泵输入液压缸的流量为 q，压力为 p，则当无杆腔进油时，活塞运动速度 v_1 及推力 F_1 为：

$$v_1 = \frac{q}{A_1} = \frac{q}{\pi D}$$

$$F_1 = pA_1 - p_2 A_2 = \frac{\pi}{4}[D^2 p_1 - (D^2 - d^2)p_2]$$

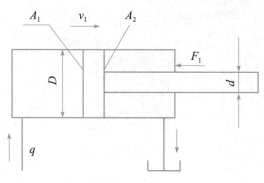

图 2 - 2　无杆腔进油

（2）有杆腔进油。

如图 2 - 3 所示，若泵输入液压缸的流量为 q，压力为 p，当有杆腔进油时，活塞运动速度 v_2 及推力 F_2 为：

$$v_2 = \frac{q}{A_2} = \frac{4q}{\pi(D^2 - d^2)}$$

$$F_2 = p_1 A_2 - p_2 A_1 = \frac{\pi}{4}[(D^2 - d^2)p_1 - D^2 p_2]$$

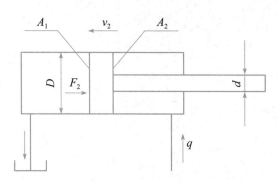

图 2 - 3　有杆腔进油

比较上述公式可以得出：$F_1 < F_2$，即当压力相同时，液压缸的推力大于拉力；$v_2 > v_1$，即当流量相同时，液压缸的伸出速度小于缩回速度。

二、先导式溢流阀

1.先导式溢流阀的结构

先导式溢流阀由先导阀和主阀两部分组成。先导阀实际上是一个小流量的直动式溢流阀，阀芯为锥阀结构，用于控制压力；主阀阀芯是滑阀，用于控制溢流流量。先导式溢流阀的压力波动比直动式溢流阀小，压力较稳定，噪声小；有外控口，具有远程调压和卸荷功能，适用于压力较高或流量较大的场合。

2.先导式溢流阀的工作原理

2－5　先导式溢流阀

先导式溢流阀的结构及图形符号如图2－4所示。

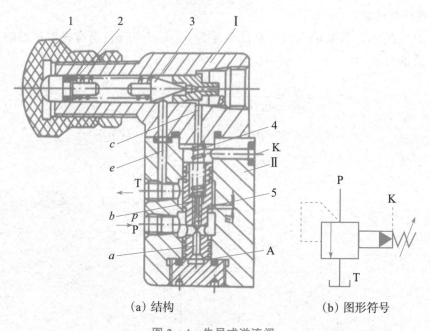

（a）结构　　　　　　　　　　（b）图形符号

图2－4　先导式溢流阀

1—调节手轮；2—弹簧；3—先导阀阀芯；4—主阀弹簧；5—主阀阀芯

进油口压力高于溢流阀调定压力时：先导阀在压力油的作用下打开，部分油液通过主阀芯中心孔流回油箱；由于阻尼孔的节流损失，主阀芯上腔油液压力小于下腔压力，主阀打开；溢流阀的进油口与回油口导通，实现溢流。

进油口压力低于溢流阀调定压力时：先导阀阀芯在弹簧力的作用下关闭，主阀阀芯上、下腔油液停止流动，阻尼孔无节流损失，主阀芯上、下腔无压力差，主阀芯在弹簧力的作用下关闭。

3.先导式溢流阀相对于直动式溢流阀的优势

当溢流量变化较大时，阀口开度也会发生较大变化，此时压力波动会比较大。主要原因是直动式溢流阀中一个弹簧承担了"调压"和"复位"两个功能，而先导式溢流阀中由两个弹簧分别承担这两个功能，压力波动便会小很多。

4.溢流阀的应用——调压回路

2-6　先导式溢流阀作调压回路

液压系统的工作压力取决于负载的大小，负载越大，油压越高。必须对系统最高工作压力进行限制，以防系统过载。如果一个系统需要几种不同的工作压力，则要对系统压力进行分级控制。

（1）单级调压回路。

如图 2-5 所示为定量泵系统中的单级调压回路，节流阀可以调节进入液压缸的流量，定量泵输出的流量大于进入液压缸的流量，多余油液便从溢流阀流回油箱。调节溢流阀便可调节泵的供油压力。溢流阀的调定压力必须大于液压缸最大工作压力和油路上各种压力损失的总和。

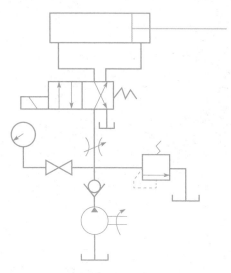

图 2-5　单级调压回路

（2）双向调压回路。

当执行元件的正反向运动需要不同的供油压力时，可采用双向调压回路，如图 2-6 所示。双向调压回路采用两个溢流阀分别调整液压缸的工作行程和返回行程的系统压力。

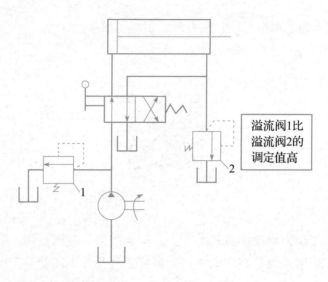

图 2 - 6　双向调压回路

（3）多级调压回路。

1）二级调压回路。

如图 2 - 7 所示为二级调压回路，该回路由带有远程控制口的先导式溢流阀 3、二位二通电磁换向阀 2 和直动式溢流阀 1 串联组成。注意：阀 1 的开启压力一定要低于阀 3 的开启压力。

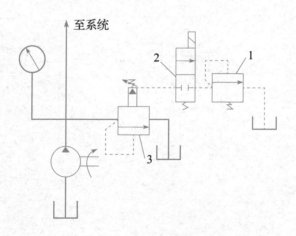

图 2 - 7　二级调压回路

2）三级调压回路。

如图 2 - 8 所示为三级调压回路。先导式溢流阀 1 的远程控制口通过三位四通换向阀 4 分别接远程调压阀（小流量溢流阀）2 和 3，使系统可以得到 3 种压力调定值，即可向系统提供 3 种不同压力输出。注意：远程调压阀的调整压力必须低于主溢流阀的调定压力。

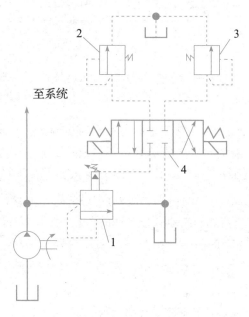

图 2 - 8　三级调压回路

三、换向阀

1. 换向阀的工作原理

换向阀的作用是利用阀芯对阀体的相对运动，使油路接通、关断或变换油液流动的方向，从而实现液压执行元件及其驱动机构的启动、停止或换向。

2. 换向阀的"位"与"通"

2 - 7　换向阀

换向阀滑阀的工作位置数称为"位"，与液压系统中油路相连通的油口数称为"通"。换向阀的图形符号如图 2 - 9 所示。

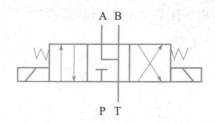

图 2-9　换向阀的图形符号

P—压力油口；A、B—工作油口；T—回油口（永远通油箱）

（1）用方框数表示阀的工作位置数，即有几个方框就是几位阀。

（2）在一个方框内，箭头"↑"或堵塞符号"┳""⊥"与方框相交的点数就是通路数，即有几个交点就是几通阀，箭头"↑"表示阀芯处在这一位置时两油口相通，但不表示流向，"┳"或"⊥"表示此油口被阀芯封闭（堵塞），不通流。

（3）三位阀中间的方框和二位阀靠近弹簧的方框为阀的常态位置（即施加控制之前的原始位置）。在液压系统原理图中，换向阀的图形符号与油路的连接情况一般应画在常态位。工作位置应遵循"左位"画在常态位左边，"右位"画在常态位右边的规定。此外，应在常态位上标出油口的代号。

（4）控制方式和复位弹簧的符号画在方框的两侧。

常用换向阀的结构原理和图形符号见表 2-1。

表 2-1　常用换向阀的结构原理和图形符号

名称	结构原理图	图形符号	使用场合	
二位二通	A　　P	A P	控制油路的接通与切断	
二位三通	A　P　B	A B P	控制油液流动方向	
二位四通	A P B T	A B P T	控制执行元件换向，且执行元件正反向运动时回油方式相同	不能使执行元件在任意位置停止运动
三位四通	A P B T	A B P T		能使执行元件在任意位置停止运动

续表

名称	结构原理图	图形符号	使用场合	
二位五通	T1 A P B T2	A B T1 P T2	执行元件正反向运动时可获得不同回油方式	不能使执行元件在任意位置停止运动
三位五通	T1 A P B T2	A B T1 P T2		能使执行元件在任意位置停止运动

3. 换向阀的中位机能

2-8 换向阀的中位机能

　　三位换向阀的阀芯处于中间位置时（即常态位置），其油口 P、A、B、T 间的通路有多种不同的连接形式，以适应不同的工作要求。这种常态时的内部通路形式称为中位机能。常见三位换向阀的中位机能见表 2-2。

表 2-2 常见三位换向阀的中位机能

类型	结构简图	图形符号	中位油口状况、特点及应用
O 型	A B T P	A B P T	各油口全封闭；换向精度高，但有冲击，缸被锁紧，泵不卸荷，并联缸可运动
H 型	A B T P	A B P T	各油口全通；换向平稳，缸浮动，泵卸荷

续表

类型	结构简图	图形符号	中位油口状况、特点及应用
Y 型	A B T P	A B P T	P 口封闭，A、B、T 口相通；换向较平稳，缸浮动，泵不卸荷，并联缸可运动
M 型	A B T P	A B P T	P、T 口相通，A 与 B 口均封闭；缸被锁紧，泵卸荷，换向精度高
P 型	A B T P	A B P T	P、A、B 口相通，T 口封闭；换向最平稳，双杆缸浮动，单杆缸差动，泵不卸荷，并联缸可运动

4.换向阀的驱动方式

2-9 换向阀的驱动方式

（1）手动换向阀。

手动换向阀是通过手柄操纵阀芯换位的换向阀，分为弹簧自动复位和弹簧钢球定位两种。如图 2-10 所示，放开手柄，阀芯可在弹簧的作用下自动回到中位，该阀适用于动作频繁、工作持续时间短的场合，操作比较安全，广泛应用于工程机械的液压传动系统中。如果将该阀阀芯左端的弹簧改为如图 2-10（a）所示的形式，即成为可在 3 个位置定位的手动换向阀，如图 2-10（c）所示为其图形符号。

（2）机动换向阀。

机动换向阀又称行程换向阀，它利用安装在运动部件上的挡块或凸块推压阀芯端部滚轮使阀芯移动，从而使油路换向。常用的有二位二通（常闭和常通）、二位三通、二位四通和二位五通等。如图 2-11 所示为二位二通常闭式机动换向阀，在图示状态下，阀芯被弹簧顶至上端，油口 P 和 A 不通。当挡铁压下滚轮并经推杆使阀芯移至下端时，油口 P 和 A 连通。

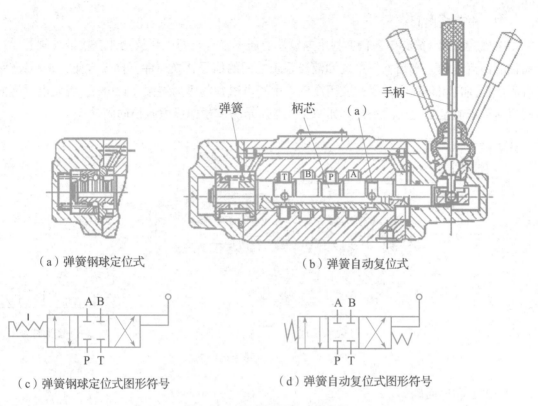

（a）弹簧钢球定位式　　　　　　　　　（b）弹簧自动复位式

（c）弹簧钢球定位式图形符号　　　　　（d）弹簧自动复位式图形符号

图 2-10　三位四通手动换向阀

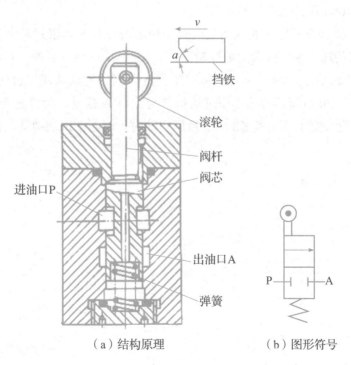

（a）结构原理　　　　　　　　　（b）图形符号

图 2-11　二位二通常闭式机动换向阀

（3）电磁换向阀。

电磁换向阀（简称电磁阀）利用电磁铁的通电吸合与断电释放功能直接推动阀芯，从而控制液流方向。它是电气系统和液压系统之间的信号转换原件，操纵方便，布局灵活，有利于提高自动化程度，因此应用广泛。由于电磁铁的吸力有限（120N），因此电磁换向阀只适用于流量不太大的场合。如图 2-12 所示为三位四通电磁换向阀。

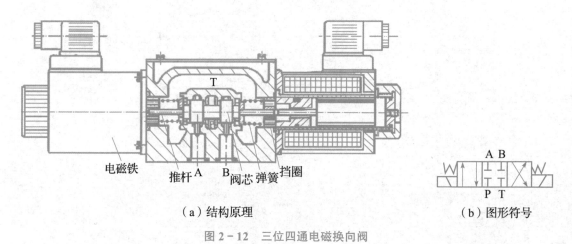

电磁铁　　推杆 A　　B 阀芯 弹簧 挡圈

（a）结构原理　　　　　　　　　　　（b）图形符号

图 2-12　三位四通电磁换向阀

（4）液动换向阀。

液动换向阀是通过控制油路的压力油来改变阀芯位置的换向阀，广泛应用于大流量（阀的通径大于 10mm）的控制回路中。

如图 2-13 所示为三位四通液动换向阀，阀芯通过其两端密封腔中油液的压差来移动。当控制油路的压力油从阀右边的控制油口 K2 进入右控制油腔时，推动阀芯左移，使进油口 P 与油口 B 接通，油口 A 与回油口 T 接通；当压力油从阀左边的控制油口 K1 进入左控制油腔时，推动阀芯右移，使进油口 P 与油口 A 接通，油口 B 与回油口 T 接通，实现换向；当两控制油口 K1 和 K2 均不通压力油时，阀芯在两端弹簧的作用下居中，恢复至中间位置。

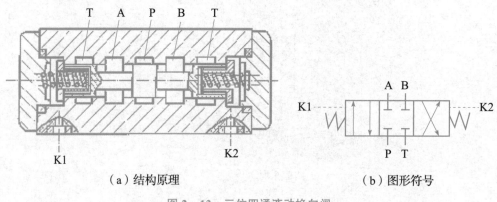

（a）结构原理　　　　　　　　　　　（b）图形符号

图 2-13　三位四通液动换向阀

（5）电液换向阀。

电液换向阀由电磁换向阀和液动换向阀组合而成。电磁换向阀为先导阀，用来改变控制油路的方向；液动换向阀为主阀，用来改变主油路的方向。这种阀的优点是用反应灵敏的小规格电磁阀控制大流量液动阀换向。

如图 2−14 所示为三位四通电液换向阀，上半部是电磁换向阀（先导阀），下半部是液动换向阀（主阀）。其工作原理可通过图形符号加以说明。如图 2−14（b）所示，常态时，先导阀和主阀皆处于中位，主油路中的 A、B、P、T 油口均不相通。当先导阀的左电磁铁通电时，先导阀三位工作，控制油由 K 经先导阀到主阀芯左端油腔，操纵主阀芯右移，使主阀也切换至左位工作，主阀芯右端油腔回油经先导阀及卸油口 L 回油箱。此时主油路中的 P 与 A 相通，B 与 T 相通。同理，当先导阀的右电磁铁通电时，主油路油口换接，P 与 B 相通、A 与 T 相通，即实现油液换向。

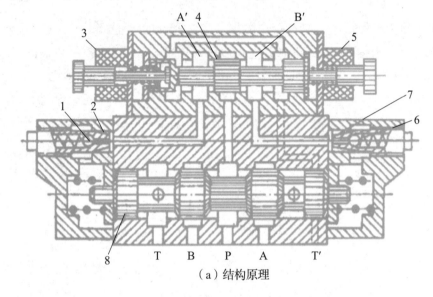

（a）结构原理

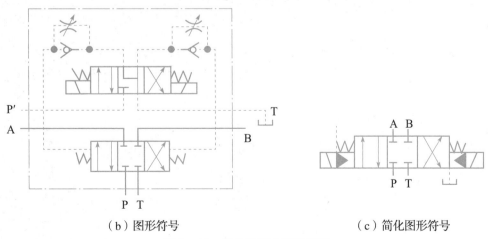

（b）图形符号   （c）简化图形符号

图 2−14   三位四通电液换向阀

若在液动换向阀的两端盖处加调节螺钉，则可调节液动换向阀阀芯的行程和各主阀口的开度，从而改变通过主阀的流量，实现对执行元件的速度的粗略调节。

四、单向阀

1. 普通单向阀

2-10　普通单向阀

单向阀的作用是使油液只能按一个方向流动，而反向截止。如图 2-15 所示为管式普通单向阀，当压力油从 P1 口流入时，克服弹簧力的作用，使阀芯 2 向右打开，从 P2 口流出；当压力油从 P2 口流入时，液压力和弹簧力将阀芯紧紧压在阀座上，使阀口关闭，油液不能流出。

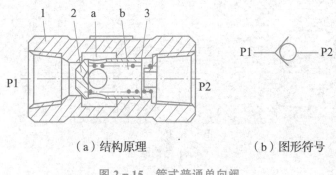

（a）结构原理　　　　　　　（b）图形符号

图 2-15　管式普通单向阀
1—阀体；2—阀芯；3—弹簧

为了减小系统压力损失，单向阀的开启压力一般为 0.03MPa ～ 0.05MPa。特殊情况下（如用于背压）可通过更换刚度较大的弹簧，使开启压力达到 0.2MPa ～ 0.6MPa。

2. 液控单向阀

2-11　液控单向阀

液控单向阀如图 2-16 所示，当控制口 K 不通控制压力油时，压力油只能从通口 P1 流向通口 P2，不能从通口 P2 流向通口 P1（正向导通，反向截止）；当控制口 K 接入控制压力油时，控制压力油通过活塞、顶杆将阀芯打开，两个通口 P1、P2 导通（正向导通，反向有条件导通）。液控单向阀的最小控制压力约为主油路压力的 30%。

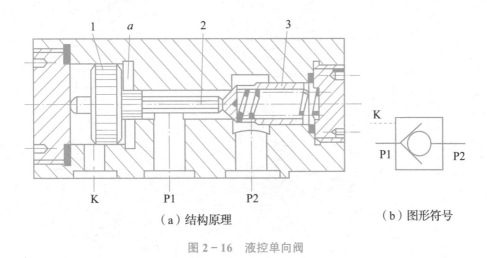

（a）结构原理　　　　　（b）图形符号

图 2-16　液控单向阀

五、流量控制阀——单向节流阀

2-12　单向节流阀

2-13　节流阀的应用

如图 2-17 所示，单向节流阀由节流阀和单向阀组成，单方向起节流作用。从油口 A 到油口 B，工作油液通过可调节流阀流出，产生较大的压力损失。从油口 B 到油口 A，工作油液通过单向阀流出，无节流作用，即工作油液可自由流过。

六、锁紧回路（液压锁）

锁紧回路的功能是切断执行元件的进出油路，使执行元件停在规定的位置上。要求可靠、迅速、平稳、持久。

当换向阀的中位机能为 O 型或 M 型时，也能使液压缸锁紧，但由于换向阀存在较大的泄漏问题，因此锁紧功能较差，只适用于锁紧时间短且要求不高的回路中。

如图 2-18 所示为采用液控单向阀的锁紧回路，液压缸的两侧油路上串接液控单向阀（液压锁），并且采用 H 型中位机能的三位换向阀，换向阀中位；油液经换向阀中位回油箱，控制油液压力为 0，两液控单向阀关闭；液压缸左右两腔液压油被封闭，液压缸锁定。活塞可以在行程的任意位置锁紧，不能左右窜动，且在负载变化时，仍能可靠地锁紧。

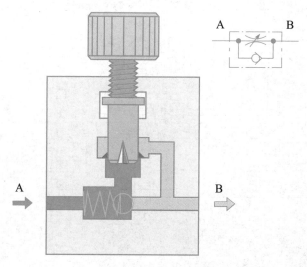

图 2－17　单向节流阀

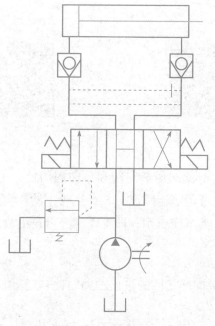

图 2－18　锁紧回路

学习情境 ③

手机 TP 压合装置气动系统的设计与装调

 学习目标

（1）能够深度分析客户需求，合理统筹安排，制订可行的工作计划。

（2）掌握气动系统中气控阀、逻辑阀的工作原理及使用方法。

（3）初步掌握气压系统的安装及调试方法，实现压合系统的控制要求和功能要求。

（4）初步了解气动系统的故障诊断与排除方法。

（5）能够灵活利用收集的信息，并进行归纳总结。

（6）发扬协作共进的团队精神以及追求卓越的创新精神。

工作情景描述

　　某手机生产厂家进行设备更新，需设计一套手机 TP 的压合装置，其驱动系统为气动系统。请同学们分小组领取该任务，分析并讨论任务具体要求；通过各种途径（配套学习资料、微课、论坛等）搜集、学习所需理论知识；小组成员合理分工，讨论并制定设计方案，制订工作计划；领取所需元件和工具，按计划进行设备的安装、调试，调试合格后进行验收交付；总结在完成本任务过程中出现的问题及解决方案，吸取教训；小组自评价，换组互评价，教师总结性评价。

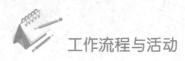

工作流程与活动

明确任务

任务准备

计划与决策

任务实施

总结

评价

工作环节 1　明确任务

📚 | 学习目标

（1）了解市场大环境，明确任务要求。
（2）准确记录客户需求，分析该气动压合系统的控制要求。

📖 | 学习过程

一、领取任务

通过微信扫描下方二维码，观看视频，领取任务。

3 - 1　手机 TP 压合装置

二、任务分析

（1）手机 TP 指的是什么？ TP 的英文全称是什么？

（2）根据客户需求分析：为什么要求手机 TP 压合装置要双手同时操作？

（3）根据客户需求分析：为什么要求手机 TP 压合装置的气缸伸出速度慢，缩回速度快？

（4）结合视频内容及文字描述，绘制设备结构平面图并简单描述其功能。

工作环节 2　任务准备

学习目标

（1）了解气动系统的组成。

（2）掌握"单气控"和"双气控"换向阀的控制方式及应用。

（3）理解"或阀"和"与阀"的逻辑功能并掌握其应用。

（4）能分别应用"直接控制"与"间接控制"方式设计回路。

（5）能够熟练运用 FluidSIM-P 仿真软件进行简单气动回路的设计与仿真。

（6）能够灵活利用收集的信息，并进行归纳总结。

学习过程

学习建议：

浏览下列问题，然后进行重要知识点的信息收集与学习，方法如下：

（1）查阅书中的"学习参考资料"（图文资料）。

（2）扫描书中的"学习参考资料"中的二维码，学习微课（影音资料）。

（3）通过网络搜索相关知识，浏览气动类微信公众号、论坛等（网络资源）。

回答下列问题：

（1）气动系统由＿＿＿＿＿、＿＿＿＿＿、＿＿＿＿＿、＿＿＿＿＿四部分构成。下图所示为一个完整的气动系统简图，请根据气动系统的四大组成部分将各元件归类。

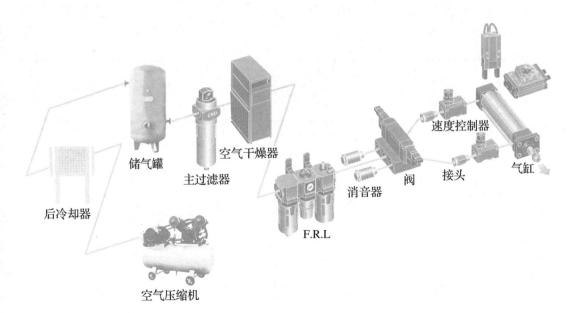

后冷却器　储气罐　主过滤器　空气干燥器　空气压缩机　F.R.L　消音器　阀　接头　速度控制器　气缸

组成部分	元件

（2）列举日常生活中气动系统的应用实例，该应用体现了气动系统的哪些优点？

（3）识别下列气动元件的名称并说出它们是如何换位的，注明换位时需要持续信号还是瞬时信号。

元件 符号				
名称				
换位				

（4）识别下列逻辑阀的名称，并描述其逻辑功能。

元件 符号		
元件 名称		
逻辑 功能		

（5）分析双作用气缸的直接控制与间接控制。

回路设计要求：选用双作用缸，按下按钮气缸伸出，松开按钮气缸缩回。

采用直接控制方式	采用间接控制方式

工作环节3 计划与决策

学习目标

（1）能够深度分析客户的需求，合理统筹安排，制订可行的工作计划。

（2）小组分工时，考虑到小组各成员的性格特点与技能水平。

（3）具有创新意识，能够独立设计出有独到见解的气动回路。

（4）小组成员能够各抒己见，总结出本组最优方案。

（5）能按照相关规范查阅产品手册，并进行气动元件的选型。

学习过程

一、填写工作计划表

工作计划表					
项目名称					
小组成员					
序号	工作内容		计划用时	实际用时	备注
	合计				

二、填写项目小组人员职责分配表

项目小组人员职责分配表			
项目名称			
小组成员			
序号	成员姓名	项目职责说明	备注

三、确定设计方案

1. 气动系统原理图

先运用 FluidSIM-P 仿真软件进行原理图的设计与仿真，然后在下面空白处用尺子手工绘制原理图。

2. 简述工作原理

3. 列出设备元件清单

设备元件清单				
位置号	名称	型号	件数	备注

工作环节 4 任务实施

学习目标

（1）能够根据设计方案，快速完成气动系统设备的安装和调试。

（2）对于安装和调试过程中出现的问题，能够独立思考，提出合理的整改建议。

（3）初步掌握气动系统的故障诊断与排除方法。

（4）锻炼对工作进程的管控能力与执行能力。

（5）会正确穿戴劳保设备，施工后能按照管理规定清理施工现场。

（6）各司其职，弘扬协作共进的团队精神。

学习过程

一、气动系统设备的安装和调试

根据设计方案进行气动系统设备的安装和调试（注意事项参见气动试验台说明书）。确认安装和调试完毕，试车前填写自检表。可自行添加自检项目。

自检表			
一、机械安装部分	正常	不正常	备注
1. 所有原件全部安装			
2. 所有螺栓连接是否紧固			
3. 运动部件的轨迹上是否有障碍物			
4. 安装布局符合规范，是否便于操作			
5. 正确选择元器件			
二、气动部分			
1. 系统压力（ ）bar			
2. 气动处理装置的除尘器中的液位			
3. 所有管路连接牢固（安装到位）			
4. 管路安装规范（横平竖直，转弯处为圆角）			
5. 各调节装置运转灵活			

续表

三、功能测试			
1. 气缸伸出			
2. 气缸缩回			
四、工作安全性			
1. 是否知晓实训室电源总开关位置			
2. 设备急停功能			

二、记录安装和调试步骤

将操作中遇到的问题如实记录下来。

三、思考

让气缸缩回的方法有几种？若令气缸缩回，需同时松开两个按钮还是松开任意一个按钮？

四、故障诊断与排除

（1）本组在试车过程中是否出现故障？分析故障原因并给出解决方案。

（2）通过微信扫描下方二维码观看视频并回答问题。

3-2 故障分析

1）描述故障 1 的现象，试分析其故障原因？

故障现象	
故障原因	

2）描述故障 2 的现象，试分析其故障原因？

故障现象	
故障原因	

3）描述故障 3 的现象，试分析其故障原因？

故障现象	
故障原因	

工作环节5　总结

🔖 **学习目标**

（1）提高对文字信息、图像信息、影像信息的处理能力与总结能力。

（2）能以小组为单位对学习过程和工作成果通过多种形式进行汇报总结。

（3）提升语言表达能力及临场应变能力，能够应答同学及教师提出的问题。

（4）善于思考，自我完善，弘扬追求卓越的创新精神。

📚 **学习过程**

一、经验总结

（1）通过微信扫描下方二维码，回看课堂重点内容"气动回路方案设计技巧"和"气动系统安装和调试示范"，提出本组方案中需要优化和改进的地方。

3-3　气动回路的设计　　　　　3-4　气动回路的搭接

（2）对气动压合生产线进行技术升级。

为确保安全，本设计采用全程手控的方式。能否将生产线升级为半自动方式，这样既能确保安全，又能节省人力。安全起见，气缸启动仍然需要双手同时按下按钮；气缸伸出、缩回过程升级为自动；为了保证手机TP压合的质量，要求气缸伸出到位后自动保持6秒再缩回。

关键词：气动行程阀、气动延时阀。

（3）什么是新时代北斗精神？作为当代大学生，如何传承和弘扬新时代北斗精神？

二、成果汇报

以小组为单位，通过 PPT、海报、思维导图等形式对本项目的完成过程及个人成长进行汇报（15 分钟），别组提问及教师现场指导与评价（10 分钟）。

建议：小组成员均需参加演讲，每人负责一项。汇报时使用专业术语。

工作环节 6　评价

学习目标

（1）锻炼制定评价指标的能力，能够对本组的成果进行客观评定。
（2）树立诚实守信、严谨负责的职业道德观。

学习过程

参考前面的工作过程评价表，小组尝试制定部分评价要素。

工作过程评价表							
项目名称							
小组成员				试验台			
序号	项目内容	评价要素	配分	自评	互评	教师评	备注
一、工作计划（10%）	工作计划书						
二、方案设计（40%）	1. 总体设计 2. 回路设计 3. 参数控制	独立设计，决策合理	10				
		功能实现完整	20				
		结构清晰，所选元件简单实用	5				
		调试方便，参数设置可控	5				
三、设备安装和调试（30%）	1. 元件选择 2. 设备安装和调试 3. 设备检测 4. 故障诊断及排除						
四、文档编辑（10%）	1. 信息收集 2. 文档制作 3. 图像影像处理 4. 成果展示	充分利用网络及工具书	2				
		熟练使用办公软件和图像处理软件	2				
		内容总结全面，逻辑清晰	2				
		演示内容清晰，语言流畅	2				
		问题回答清晰、准确	2				

续表

序号	项目内容	评价要素	配分	自评	互评	教师评	备注
五、劳动纪律和工作态度（10%）	1. 劳动纪律 2. 工作态度 3. 安全意识 4. 团队合作 5. 时限进度	遵章守制，全勤	2				
		工作主动，责任心强	2				
		劳保用品穿戴整齐	2				
		团队合作良好	2				
		按时完成工作任务	2				
学员签字		合计	100				
		指导教师					

知识巩固与练习

选择题

1. 与液压系统相比，不是气动系统的优点的是（　　）。

A. 流速高

B. 介质易取得

C. 环境适应性好

D. 输出力大

2. 气压传动的介质是（　　）。

A. 液压油

B. 液体

C. 普通空气

D. 压缩空气

3. 换向阀的控制方式中，不属于手动控制方式的是（　　）。

A. 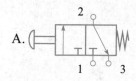　　B.　　C.　　D.

4. 换向阀是气压传动系统的（　　）。

A. 动力元件

B. 执行元件

C. 辅助元件

D. 控制元件

5. 下列图形符号中，属于双气控换向阀的是（　　）。

A. 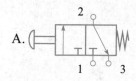　　B.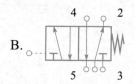

C. 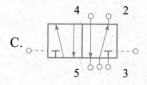　　D.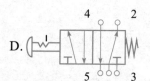

6. 双气控换向阀具有保持功能，换位只需要一个瞬时信号即可（　　）。

A. 对

B. 错

7. 换向阀  的初始位置是（　　）位，换位需要（　　）信号。

A. 左　瞬时

B. 右　瞬时

C. 左　持续

D. 右　持续

8. 换向阀  的初始位置是（　　）位，换位需要（　　）信号。

A. 不确定　瞬时、持续均可

B. 右　瞬时

C. 左　持续

D. 右　持续

9. 液压元件 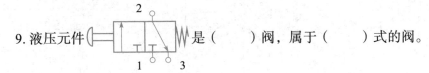 是（　　）阀，属于（　　）式的阀。

A. 按钮　常闭

B. 旋钮　常闭

C. 按钮　常开

D. 旋钮　常开

10. 下列图形符号中，属于气马达的是（　　）。

A. 　　B. 　　C. 　　D.

11. 下列元件中，能实现"或"逻辑功能的是（　　）。

A. 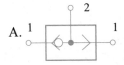　　B.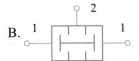

C. 　　D.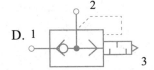

学习参考资料

一、气压传动概述

气动技术是以空气压缩机为动力源、以压缩空气为工作介质进行能量传递的工程技术，是实现生产控制和自动控制的重要手段之一。

气压传动具有节能、高效、价廉和无污染等优点，发展速度很快，适用范围和使用量均优于液压技术。

1.气动系统的组成

气动系统一般由气压发生装置（空气压缩机、后冷却器、储气罐）、控制元件（压力、方向、速度控制阀）、执行元件（气缸、气马达、气爪）、辅助装置（空气过滤器、消声器和油雾器、管接头）四部分组成，如图3-1所示。

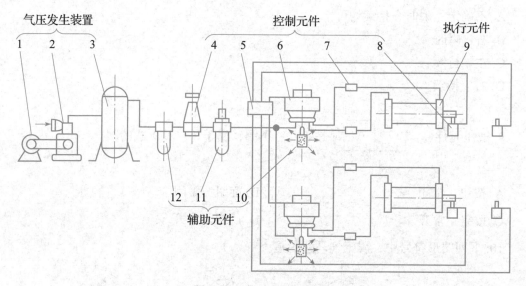

图 3-1 气动系统的组成

1—电动机；2—空气压缩机；3—储气罐；4—压力控制阀；5—逻辑元件；6—方向控制阀；
7—流量控制阀；8—机控阀；9—气缸；10—消声器；11—油雾器；12—空气过滤器

2.气动系统的特点

优点如下：

（1）气体来源方便，不污染环境，可远距离输送。

（2）动作迅速，反应快。

（3）工作环境适应性好，可在极端温度下正常工作，使用安全。

（4）气动部件结构简单，价格便宜，安装维护简单，经济性好。

（5）气动机构和工作部件在超载时能够实现过载保护。

（6）气体会因膨胀而降温，可以自动给设备降温。

缺点如下：

（1）因为空气具有可压缩性，所以气缸的动作速度易受负载变化影响。

（2）工作压力较低（一般为 0.4MPa～0.8MPa），输出力较小。

（3）排气噪声较大。

（4）工作介质没有润滑性，需另加润滑装置。

（5）气动信号传递速度慢，不适用于对信号传递速度要求高的场合。

3.气动系统的应用

（1）汽车制造业：车身外壳的吸起和放下，点焊。

（2）电子、半导体制造业：显像管的吸起，芯片的搬运，寿命实验。

（3）加工制造业：实现生产自动化，如搬运、转位、定位、加紧、进给、装卸、装配。

（4）介质管道输送业：石油加工，气体加工，化工。

（5）包装自动化领域：化肥的计量，黏稠物及有毒气体包装。

（6）机器人领域：装配、喷漆、搬运、爬墙和焊接机器人。

（7）其他：车辆刹车装置，车门开闭装置，气动工具。

二、气源装置

气源装置为气动系统提供符合质量要求的压缩空气，是气动系统的重要组成部分。气动系统对压缩空气的主要要求：具有一定的压力和流量；具有一定的净化程度。

气源装置一般由气压发生装置、压缩空气的净化处理装置和传输管路系统组成。典型的气源及空气净化处理系统如图 3-2 所示。

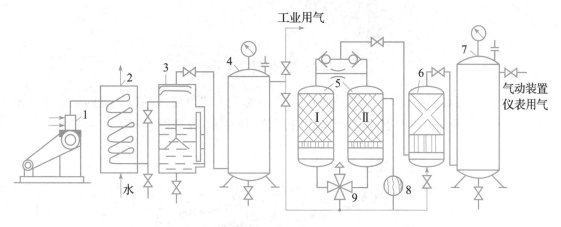

图 3-2　气源及空气净化处理系统

1—空气压缩机；2—后冷却器；3—前水分离器；4、7—贮气罐；5—干燥器；6—过滤器

空气压缩机简称空压机，是气源装置的核心，用于将原动机输出的机械能转化为

气体的压力能。空气压缩机的种类很多，按工作原理可分为容积式和速度式（叶片式）两类。

三、气动执行元件

气动执行元件可利用压缩空气的能量实现各种机械运动（直线往复运动、摆动、转动），主要包括：气缸和气动马达。

1. 气缸的分类

气缸的常见分类方法如下：

（1）按压缩空气在活塞端面作用力的方向，分为单作用气缸和双作用气缸。

（2）按气缸的结构特征，分为活塞式、薄膜式、柱塞式和摆动式气缸等。

（3）按气缸的安装方式，分为耳座式、法兰式、轴销式、凸缘式、嵌入式和回转式气缸等。

（4）按气缸的功能，分为普通式、缓冲式、气–液阻尼式、冲击式和步进式气缸等。

2. 特殊气缸

（1）扁平气缸是指气缸的活塞和缸筒为扁平状的气缸，如图 3–3 所示。扁平气缸具有抗扭转力矩的特点，且由于尺寸小，可以成组安装。

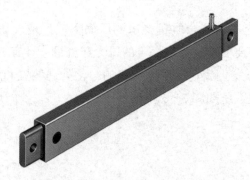

图 3–3　扁平气缸

（2）导向气缸是指具有导向功能的气缸，一般为标准气缸和导向装置的集合体，如图 3–4 所示。导向气缸具有导向精度高、抗扭转力矩强、工作平稳等特点。

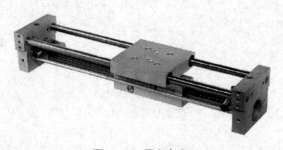

图 3–4　导向气缸

（3）多位气缸采用数个普通气缸串联的结构，通过设定各气缸的行程来控制气缸的动作，进而获得多个停止位置。多位气缸示意图如图 3-5 所示。

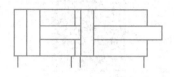

图 3-5　多位气缸示意图

3. 气动马达

气动马达是将压缩空气的压力能转换成旋转的机械能的装置。气动马达分为叶片式、活塞式、齿轮式等，应用最广泛的是叶片式和活塞式。如图 3-6 所示为双向旋转叶片式气动马达。气动马达具有防爆、高速等优点，缺点是输出功率小、耗气量大、噪声大和易产生振动。

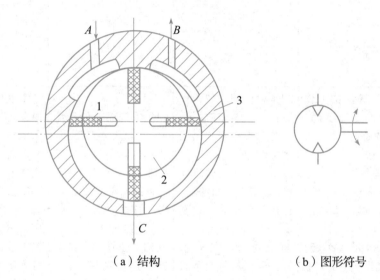

（a）结构　　　　　　　　　　（b）图形符号

图 3-6　双向旋转叶片式气动马达
1—叶片；2—转子；3—定子

四、方向控制阀

方向控制阀是通过改变压缩空气的流动方向和气流的通断，来控制执行元件启动、停止及运动方向的气动阀。

按阀内气体的流动方向分类：单向控制阀（单向阀、梭阀）、换向阀。

按阀芯的结构形式分类：截止阀、滑阀。

按阀的工作位数及通路数分类：二位三通、二位五通、三位五通等。

按阀的控制方式分类：手动控制、气压控制、电磁控制、机械控制。

1. 换向阀

3 - 5　换向阀

（1）按阀的工作位数及通路数，换向阀可分为二位三通、二位五通、三位五通等，具体见表 3 - 1。其中，1 口为进气口，2 口、4 口为工作口，3 口、5 口为排气口。

表 3 - 1　换向阀的主要类别

分类	二位三通（常闭式）	二位三通（常开式）	二位五通	三位五通
图形符号				
工作原理	（1）换向阀左位工作时：1 口与 2 口接通，压缩气体通过 1 口至 2 口进入系统。（2）换向阀右位工作时：1 口进气被封闭，工作口 2 口与 3 口相通接大气。※换向阀右位有弹簧，所以右位为常态位，工作口 2 口没有压缩气体输出	（1）换向阀左位工作时：1 口进气被封闭，工作口 2 口与 3 口相通接大气。（2）换向阀右位工作时：1 口与 2 口接通，压缩气体通过 1 口至 2 口进入系统。※换向阀右位有弹簧，所以右位为常态位，工作口 2 口有压缩气体输出	（1）换向阀左位工作时：1 口与 4 口接通，压缩气体通过 1 口至 4 口进入系统 2 口，气体通过 3 口回大气。（2）换向阀右位工作时：1 口与 2 口接通，压缩气体通过 1 口至 2 口进入系统，4 口气体通过 5 口回大气	（1）换向阀左位工作时：1 口与 4 口接通，压缩气体通过 1 口至 4 口进入系统，2 口气体通过 3 口回大气。（2）换向阀右位工作时：1 口与 2 口接通，压缩气体通过 1 口至 2 口进入系统，4 口气体通过 5 口回大气。（3）换向阀中位工作时：所有气口封闭

（2）按阀的控制操纵方式，换向阀可分为手动控制、气压控制、电磁控制、机械控制。

1）手动控制换向阀。

3 - 6　手动控制换向阀

手动控制换向阀依靠人力来切换换向阀的位置，可分为手动阀和脚踩阀两类。二位五通手控换向阀的工作原理见表 3 - 2。

表 3 - 2　二位五通手控换向阀的工作原理

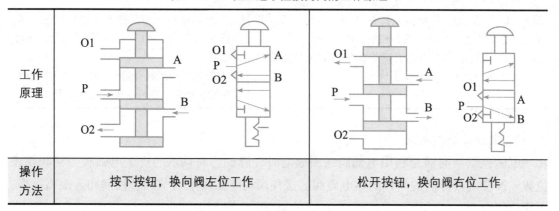

工作原理	见上图	
操作方法	按下按钮，换向阀左位工作	松开按钮，换向阀右位工作

2）气压控制换向阀。

3 - 7　气压控制换向阀

气压控制换向阀是利用气体压力使主阀芯切换，从而使气流改变方向的阀，简称气控阀。主要应用在易燃、易爆、潮湿、粉尘大的工作环境中，工作安全可靠。二位三通单气控换向阀和二位五通双气控换向阀的工作原理见表 3 - 3。

表 3 - 3　二位三通单气控换向阀和二位五通双气控换向阀的工作原理

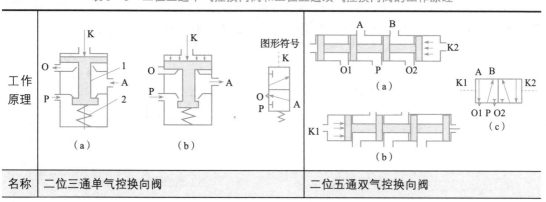

工作原理	(a)(b)图形符号	(a)(b)(c)
名称	二位三通单气控换向阀	二位五通双气控换向阀

续表

操作方法	（1）图（a）所示为 K 口没有气控信号时，换向阀右位工作，P 口截止，A 口与 O 口相通。 （2）图（b）所示为 K 口有气控信号时，换向阀左位工作，P 口与 A 口相通，O 口截止。 ※ 单气控换向阀没有记忆功能。即 K 口需要持续信号才能保持左位工作	（1）图（a）所示为只有气控信号 K2 时，换向阀右位工作，P 口与 A 口相通，B 口与 O 口相通。 （2）图（b）所示为只有气控信号 K1 时，换向阀左位工作，P 口与 B 口相通，A 口与 O 口相通。 ※ 双气控换向阀具有记忆功能。即气控信号消失后，阀仍能保持在有信号时的工作状态

3）电磁控制换向阀。

电磁控制换向阀是利用电磁阀线圈通电时，静铁芯对动铁芯产生电磁吸力使阀切换位置以改变气流方向的阀，简称电磁阀。这种阀易于实现电－气联合控制和远距离操作，应用广泛。

4）机械控制换向阀。

机械控制换向阀是利用凸轮、撞块或其他机械外力推动阀芯切换工作位置的阀，又称为行程阀。这种阀常用作信号阀，主要应用在湿度大、粉尘多、油分多、不宜使用电气行程开关的场合，不宜在复杂的控制装置中使用。

2. 逻辑控制阀

3－8　逻辑控制阀

（1）"或"阀（梭阀）。

"或"阀在逻辑回路和气动程序控制回路中应用广泛，常用作信号处理元件，其结构及图形符号如图 3－7 所示。在气动逻辑回路中，其作用相当于"或"门。

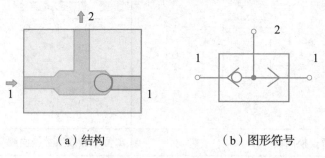

（a）结构　　　　　　　　（b）图形符号

图 3－7　"或"阀

"或"阀的工作原理如下：

"或"阀由两个信号输入口 1 和一个信号输出口 2 组成。若左侧的输入口 1 有气信号，则右侧的输入口 1 被关闭，输出口 2 上有气信号输出；若右侧的输入口 1 有气信号，则左侧的输入口 1 被关闭，输出口 2 上有气信号输出。因此，只要有任意一个输入口有气信号输入，输出口就会有气信号输出。

（2）双压阀。

在气动控制系统中，双压阀与"或"阀一样，也作为信号处理元件，其结构及图形符号如图 3-8 所示。双压阀主要用于互锁控制、安全控制、功能检查或逻辑操作。

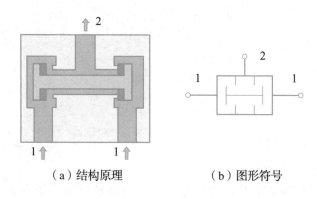

（a）结构原理　　　　　（b）图形符号

图 3-8　双压阀

双压阀的工作原理如下：

双压阀由两个信号输入口 1 和一个信号输出口 2 组成。若左侧的输入口 1 有气信号，则右侧的输入口 1 没有气信号，左侧输入口 1 被关闭，输出口 2 上没有气信号输出；若右侧的输入口 1 有气信号，则左侧的输入口 1 没有气信号，右侧输入口 1 被关闭，输出口 2 上没有气信号输出；若左右两侧输入口 1 都有气信号，则输出口 2 上有气信号输出。因此，只有两个输入口都有气信号输入，输出口才会有气信号输出。

五、换向回路

换向回路按控制方法可分为直接控制和间接控制。

直接控制是指通过人力或机械外力直接控制换向阀换向，实现执行元件动作控制；间接控制是指执行元件由气控阀来控制动作。人力、机械外力等外部输入信号只是通过其他方式直接控制气控阀的换向，间接控制执行元件的动作。

1. 直接控制

（1）单作用气缸直接控制。

控制单作用气缸的前进、后退必须采用二位三通换向阀。如图 3-9 所示为单作用气缸直接控制回路，按下按钮，压缩空气从 1 口流向 2 口，活塞伸出，3 口关闭，单作用气缸活塞杆伸出。放开按钮，阀内弹簧复位，缸内压缩空气由 2 口流向 3 口排入大气，1口关闭，气缸活塞杆在复位弹簧的作用下立即缩回。

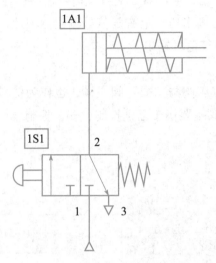

图 3 - 9　单作用气缸直接控制回路

（2）双作用气缸直接控制。

控制双作用气缸的前进、后退可以采用二位五通换向阀。如图 3 - 10 所示为双作用气缸直接控制回路，按下按钮，压缩空气从 1 口流向 4 口，进入气缸无杆腔，同时 2 口流向 3 口排气，气缸活塞杆伸出；放开按钮，阀内弹簧复位，压缩空气由 1 口流向 2 口，进入气缸有杆腔，同时 4 口流向 5 口排气，气缸活塞杆缩回。

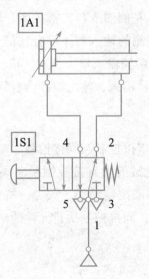

图 3 - 10　双作用气缸直接控制回路

2.间接控制

（1）单作用气缸间接控制。

控制大缸径、大行程的气缸运动时，应将大流量控制阀作为主控阀。如图 3 - 11 所示为单作用气缸间接控制回路，按钮阀 1S1 仅为信号元件，用于控制主阀 1V1 切换，因此是小流量阀。按钮阀可以安装在距气缸较远的位置，实现远程控制。按下按钮时，1S1 换向阀左位工作，压缩空气从 1 口流向 2 口，然后流向 1V1 阀的气控口 12，使 1V1 阀换左位工作，此时压缩空气从 1V1 阀的 1 口流向 2 口进入气缸无杆腔，气缸活塞杆伸出；松开按钮，1S1 换向阀右位工作，压缩空气在 1 口封闭，然后 1V1 阀的气控口 12 的压缩空气通过 1S1 阀的 3 口流入大气，从而使 1V1 阀换右位工作，此时 1V1 阀的 1 口封闭，2 口气体通过 3 口流入大气，气缸活塞杆缩回。

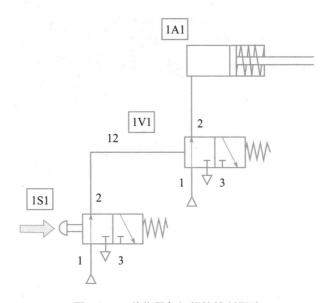

图 3 - 11   单作用气缸间接控制回路

（2）双作用气缸间接控制。

如图 3 - 12 所示为双作用气缸间接控制回路，主控阀 1V1 有记忆功能，称为记忆元件。信号元件 1S1 和 1S2 只要发出脉冲信号，即可使主控阀 1V1 切换。按下阀 1S1，发出信号使主控阀 1V1 换左位，气缸活塞杆伸出。在阀 1S2 按下之前，活塞杆停在伸出位置。同理，按下阀 1S2，发出信号使主控阀 1V1 换右位，气缸活塞杆缩回。特别注意：1V1 换向阀的左、右两个气控口一定不能同时通气。

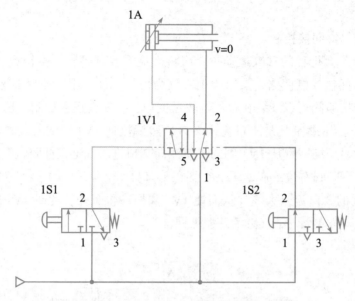

图 3 - 12 双作用气缸间接控制回路

学习情境 4
自动门气动系统的设计与装调

学习目标

（1）根据自动门自动开关的任务要求，制订切实可行的工作计划及实施方案。

（2）掌握高级气压元件的工作原理及应用。

（3）读懂并能够设计符合要求的气动系统工作原理图。

（4）掌握气动基本回路的原理及设计思路。

（5）初步掌握自动门气动系统的安装及调试方法，实现自动门的控制要求和功能要求。

（6）锻炼信息提炼和总结输出的能力，提升创新思维的能力。

（7）培养自我激励意识，培养精益求精的职业精神。

工作情景描述

某生产企业承接一商场自动门系统设计与装调项目，计划采用电气动控制系统实现速度、位置控制。请同学们分小组领取该任务，分析设备特点及客户要求，利用所学的机械制图、气动系统控制、电气系统控制、安装和调试、常用工具操作、检测操作等知识设计并绘制相应的控制原理图，利用计算机辅助设计软件进行功能验证、元器件选择、回路的安装和调试以及控制功能校验，对出现的问题及时修改或完善。按时、保质完成任务，经质检人员检验后交客户评价及验收。

工作流程与活动

明确任务
任务准备
计划与决策
任务实施
总结
评价

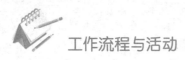

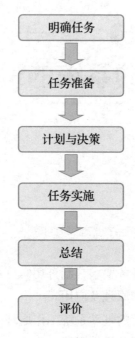

工作环节 1　明确任务

学习目标

（1）了解市场大环境，明确任务要求。

（2）准确记录客户需求，分析该气动系统的控制要求。

学习过程

一、领取任务

通过微信扫描下方二维码，观看视频，领取任务。

4-1　商场自动门

二、任务分析

（1）根据视频讲解，总结该任务中启动与停止的信号，以及它们之间的关系。

（2）应采用什么样的装置进行位置控制？

（3）结合视频内容及文字描述，绘制设备结构平面图并简单描述其功能。

示例：

商场自动开门装置示意图如下，按下关门按钮，气缸活塞杆伸出，实现关门；按下开门按钮，气缸活塞杆缩回，实现开门。在开关门的过程中，即使遇到障碍，门也要打开，以保证安全。同时，开关门的速度可控。

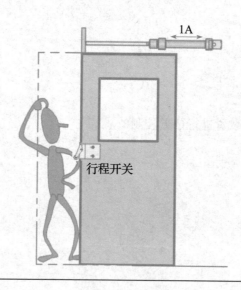

（4）该系统为什么采用气动控制，而不用液压控制？

（5）通过微信扫描下方二维码，观看视频，思考该气动控制系统要对哪些参数进行控制，要用到哪些元器件。

4-2　任务分析

工作环节2 任务准备

学习目标

（1）掌握节流阀、行程阀、双压阀、梭阀的工作原理及使用方法。

（2）掌握气动基本回路的工作原理及设计方法。

（3）掌握气压回路中的符号的含义及编号规则。

学习过程

学习建议：

浏览下列问题，然后进行重要知识点的信息收集与学习，方法如下：

（1）查阅书中的"学习参考资料"（图文资料）。

（2）扫描书中的"学习参考资料"中的二维码，学习微课（影音资料）。

（3）通过网络搜索相关知识，浏览液压气动类微信公众号、论坛等（网络资源）。

回答下列问题：

（1）气动回路中的控制元件有哪些？

（2）按照气动元件的命名规则标注下面的回路。

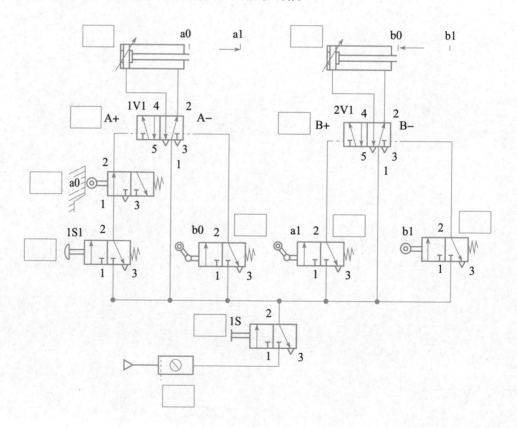

（3）气动流量控制阀主要有_____、_____、_____等，都是通过改变控制阀的通流面积来实现流量控制的元件。

（4）根据梭阀的气控设计方法，分析双压阀的气控设计。

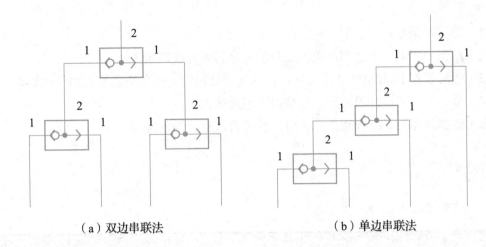

（a）双边串联法   （b）单边串联法

工作环节3　计划与决策

📚 | 学习目标

（1）能够根据客户需求制订可行的工作计划。

（2）小组分工时，考虑到小组各成员的性格特点与技能水平。

（3）能够操作 FluidSIM-P 仿真软件，独立设计出符合任务功能要求的气动回路。

（4）分析各小组设计的回路，总结出本组最优方案。

（5）能按照相关规范查阅产品手册，并进行气动元件的选型。

📖 | 学习过程

一、填写工作计划表

工作计划表					
项目名称					
小组成员					
序号	工作内容		计划用时	实际用时	备注
	合计				

二、填写项目小组人员职责分配表

项目小组人员职责分配表			
项目名称			
小组成员			
序号	成员姓名	项目职责说明	备注

三、确定设计方案

1.气动系统原理图

先运用 FluidSIM-P 仿真软件进行原理图的设计与仿真，然后在下面空白处用尺子手工绘制原理图。

2.简述工作原理

3. 列出设备元件清单

设备元件清单				
位置号	名称	型号	件数	备注

工作环节 4　任务实施

学习目标

（1）能够根据设计方案，进行气动系统设备的安装和调试。

（2）能够通过组间讨论、跨组讨论、复查资料、网络求助等手段解决在安装和调试过程中出现的问题。

（3）能够在设备出现故障时独立分析故障原因，排除故障。

（4）培养环保节约意识。

学习过程

一、气动系统设备的安装和调试

根据设计方案进行气动系统设备的安装和调试（注意事项参见气动试验台说明书）。

确认安装和调试完毕，试车前填写自检表。

自检表			
一、机械安装部分	正常	不正常	备注
1. 所有原件全部安装			
2. 所有螺栓连接是否紧固			
3. 运动部件的轨迹上是否有障碍物			
4. 安装布局符合规范，是否便于操作			
5. 正确选择元器件			
二、气压部分	正常	不正常	备注
1. 系统压力（　　）bar			
2. 气动处理装置的除尘器中的液位			
3. 所有管路连接牢固（安装到位）			
4. 各调节装置运转灵活（需锁紧处应锁紧）			
三、功能测试	正常	不正常	备注
1. 气缸伸出（关门）			
2. 气缸缩回（开门）			
3. 遇障碍物是否自动开门			
4. 关门速度是否可调			
四、工作安全性	正常	不正常	备注
1. 是否知晓实训室电源总开关位置			
2. 设备急停功能			

二、记录安装和调试步骤

将操作中遇到的问题如实记录下来。

三、总结实训设备使用注意事项

四、故障诊断与排除

（1）本组在试车过程中是否出现故障？分析故障原因并给出解决方案。

（2）通过微信扫描下方二维码观看视频，描述故障现象，分析故障原因并给出解决方案。

4－3　故障分析

故障现象	
故障原因及解决方案	

工作环节 5　总结

学习目标

（1）提高对文字信息、图像信息、影像信息的处理能力与总结能力。

（2）能以小组为单位对学习过程和工作成果通过多种形式进行汇报总结。

学习过程

一、经验总结

（1）通过微信扫描下方二维码，回看课堂重点内容"气动门自动控制系统设计"，讨论当控制条件不是"或"而是"与"的关系时应如何调整方案。

4 - 4　气动回路的设计与搭接

（2）请结合工作过程谈谈你的最大收获。

（3）如今，智能电器已经和人们的工作和生活密不可分，作为技能型人才，我们更应该关注如何在享受科技带来的方便的同时提升电器质量，避免事故。请扫描下方二维码，了解如何通过创新型思维将结构设计、电气控制与人性化、低碳环保等社会环境需求结合起来。

4 - 5　自动门的改良

二、成果汇报

以小组为单位，通过 PPT、海报、思维导图等形式对本项目的完成过程及个人成长进行汇报（15 分钟），别组提问及教师现场指导与评价（10 分钟）。

建议：小组成员均需参加演讲，每人负责一项。汇报时使用专业术语。

工作环节 6 评价

学习目标

（1）会解读评价指标，能够对本组的成果进行客观评定。
（2）树立诚实守信、严谨负责的职业道德观。

学习过程

工作过程评价表							
项目名称							
小组成员			试验台				
序号	项目内容	评价要素	配分	自评	互评	教师评	备注
一、工作计划（10%）	工作计划书	工作顺序合理、步骤详细	4				
		职责清晰，分工明确、具体、合理	2				
		时间预计准确	2				
		场地及设备规划合理	1				
		部门协调联动，考虑周全	1				
二、方案设计（40%）	1.总体设计 2.回路设计 3.参数控制	合作设计，决策合理	10				
		功能实现完整	20				
		结构清晰，所选元件简单实用	5				
		调试方便，参数设置可控	5				
三、设备安装和调试（30%）	1.元件选择 2.设备安装和调试 3.设备检测 4.故障诊断及排除	元件选择合理	5				
		连接牢固，无泄漏	5				
		布局合理，符合行业规范	5				
		操作合理，工具使用正确	5				
		安全第一，文明生产	5				
		故障判断迅速、准确	5				
四、文档编辑（10%）	1.信息收集 2.文档制作 3.图像影像处理 4.成果展示	充分利用网络及工具书	2				
		熟练使用办公软件和图像处理软件	2				
		内容总结全面、逻辑清晰	2				
		演示内容清晰，语言流畅	2				
		问题回答清晰、准确	2				

续表

序号	项目内容		评价要素	配分	自评	互评	教师评	备注
五、劳动纪律和工作态度（10%）	1. 劳动纪律 2. 工作态度 3. 安全意识 4. 团队合作 5. 时限进度		遵章守制，全勤	2				
			工作主动，责任心强	2				
			劳保用品穿戴整齐	2				
			团队合作良好	2				
			按时完成工作任务	2				
学员签字			合计	100				
			指导教师					

知识巩固与练习

一、填空题

1. 与门型梭阀又称_____。

2. 气动控制元件按其功能和作用分为_____控制阀、_____控制阀和_____控制阀三大类。

3. 气动单向型控制阀包括_____、_____、_____和快速排气阀。其中_____与液压单向阀类似。

4. 气动压力控制阀主要有_____、_____和_____。

5. 气动系统因使用功率不大，所以采用的主要调速方法是_____。

6. 在设计任何气动回路时，特别是安全回路，都不可缺少_____和_____。

二、判断题

（　　）1. 快速排气阀的作用是将气缸中的气体经过管路由换向阀的排气口排出。

（　　）2. 每台气动装置的供气压力都需要用减压阀来减压，并保证供气压力的稳定。

（　　）3. 在气动系统中，双压阀的逻辑功能相当于"或"元件。

（　　）4. 快排阀可使执行元件的运动速度达到最快，排气时间最短，因此需要将快排阀安装在方向控制阀的排气口。

（　　）5. 双气控及双电控二位五通方向控制阀具有保持功能。

（　　）6. 气压控制换向阀利用气体压力使主阀芯运动，从而使气体改变方向。

（　　）7. 消声器的作用是减小压缩气体高速通过气动元件排到大气时产生的噪声。

（　　）8. 气动压力控制阀都是依据作用于阀芯上的流体（空气）压力和弹簧力相平衡的原理进行工作。

（　　）9. 气动流量控制阀主要有节流阀、单向节流阀和排气节流阀等，都是通过改变控制阀的通流面积来实现流量控制的元件。

三、选择题

在图示回路中仅按下 Ps3 按钮，则（　　）。

A. 气流从 S1 口流出

B. 没有气流从 S1 口流出

C. 如果 Ps2 按钮也按下，气流从 S1 口流出

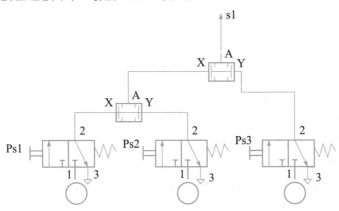

学习参考资料

一、气动控制元件

1. 压力控制阀

按照压力控制阀在气动系统中的作用不同，可分为减压阀、溢流阀、顺序阀，如图4-1所示。

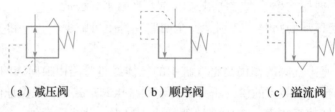

（a）减压阀　　　　（b）顺序阀　　　　（c）溢流阀

图4-1　压力控制阀

（1）减压阀。

空压站输出的空气压力高于每台气动装置所需压力，且压力波动较大，因此需要减压阀来减压，并保持供气压力稳定（当输入压力在一定范围内变化时，能保持输出压力不变）。减压阀的调压方式有直动式和先导式两种。

（2）溢流阀。

当气动系统中的工作压力超过设定值时，可采用溢流阀排出多余的压缩空气，以保证进口的压力为设定值。溢流阀常用作安全阀。溢流阀的调压方式也有直动式和先导式两种。

（3）顺序阀。

顺序阀是利用回路中的压力变化来控制动作顺序的压力阀。顺序阀常与单向阀组合成单向顺序阀，如图4-2所示。

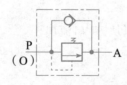

图4-2　单向顺序阀

2. 方向控制阀——单向型控制阀

单向型控制阀包括单向阀、或门型梭阀、与门型梭阀和快速排气阀。其中，单向阀与液压单向阀类似。

（1）或门型梭阀。

在气压传动系统中，当两个通路P1和P2均与另一通路A相通，而不允许P1与P2

相通时，就要用或门型梭阀，如图 4-3 所示。

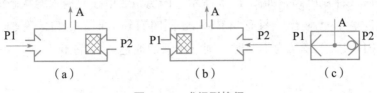

图 4-3　或门型梭阀

梭阀在逻辑回路和气动程序控制回路中应用广泛，常用作信号处理元件。如图 4-4 所示为多个输入信号需连接（并联）到同一个出口的方法，所需梭阀数为输入信号数减 1。

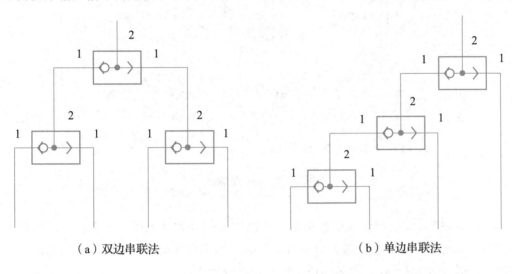

（a）双边串联法　　　　　　　　　　　（b）单边串联法

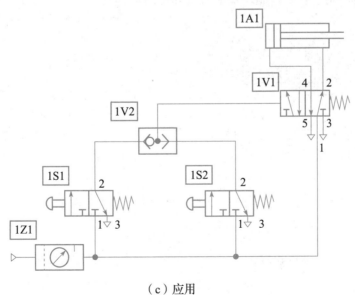

（c）应用

图 4-4　或门型梭阀的串联方法及应用

（2）与门型梭阀（双压阀）。

与门型梭阀又称双压阀，如图 4-5 所示。P1 或 P2 单独有输入的状态如图 4-5（a）、（b）所示，此时 A 口无输出，只有当 P1、P2 同时有输入时，A 口才有输出，如图 4-5（c）所示。当 P1、P2 气体压力不等时，则气压低的通过 A 口输出。

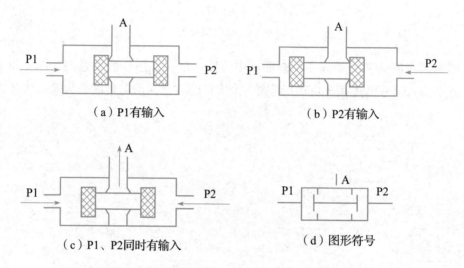

（a）P1有输入　　　　　　　　　　（b）P2有输入

（c）P1、P2同时有输入　　　　　　　（d）图形符号

图 4-5　与门型梭阀

与梭阀一样，双压阀在气动控制系统中也作为信号处理元件，多个双压阀的连接方式如图 4-6 所示，只有多个输入口都有信号时，输出口才会有信号。双压阀的应用也很广泛，包括互锁控制、安全控制、功能检查和逻辑操作。

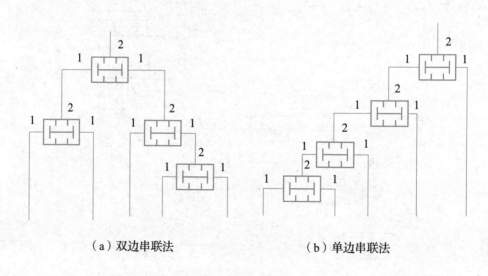

（a）双边串联法　　　　　　　　　（b）单边串联法

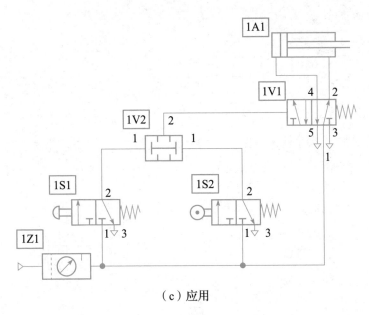

（c）应用

图 4 - 6 双压阀的串联方法及应用

（3）快速排气阀。

快速排气阀又称快排阀，通过快速排气来加快气缸运动。快速排气阀的工作原理及图形符号如图 4-7 所示。当进气腔 P 进入的压缩空气将密封活塞迅速上推，开启阀口 2，同时关闭排气口 1，使进气腔 P 与工作腔 A 相通，如图 4-7（a）所示；当进气腔 P 没有压缩空气进入时，在 A 腔和 P 腔压差的作用下，密封活塞迅速下降，关闭 P 腔，使 A 腔通过阀口 1 经 O 腔快速排气，如图 4-7（b）所示。快速排气阀的应用如图 4-8 所示。

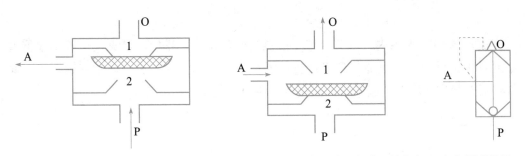

（a）进气腔P进入压缩空气的状态　（b）进气腔P没有压缩空气进入的状态　（c）图形符号

图 4 - 7 快速排气阀的工作原理及图形符号

3. 流量控制阀

气动流量控制阀主要有节流阀、单向节流阀和排气节流阀等，都是通过改变控制阀的通流面积来实现流量控制的元件。下面以如图 4-9 所示的排气节流阀为例介绍流量控制阀的工作原理。

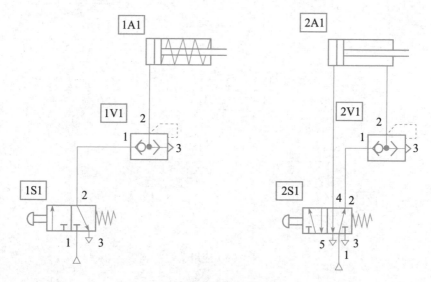

图 4-8　快速排气阀的应用

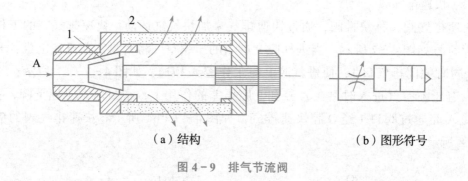

（a）结构　　　　　　　　　（b）图形符号

图 4-9　排气节流阀

气流从 A 口进入阀内，由节流口 1 节流后经消声套 2 排出。可见，该阀不仅能调节执行元件的运动速度，还能起到降低排气噪声的作用。排气节流阀通常安装在换向阀的排气口处与换向阀联用，起单向节流阀的作用。

二、气动基本回路

1．速度控制回路

（1）单作用气缸速度控制回路如图 4-10 所示。

（2）双作用气缸速度控制回路。

1）单向调速回路。

双作用气缸有节流供气和节流排气两种调速方式。如图 4-11（a）所示为节流供气调速回路，当气控换向阀不换向时，进入气缸 A 腔的气流流经节流阀，B 腔排出的气体直接经换向阀快排。当节流阀开度较小时，由于进入 A 腔的气流流量较小，压力上升缓慢，因此当气压达到能克服负载时，活塞前进，此时 A 腔容积增大，导致压缩空气膨胀，压力下降，使作用在活塞上的力小于负载，活塞停止前进。待压力再次上升时，活塞才再次前进。节流供气调速方式多用于垂直安装的气缸供气回路，在水平安装的气缸供气回路中一般采用如图 4-11（b）所示的节流排气调速回路。

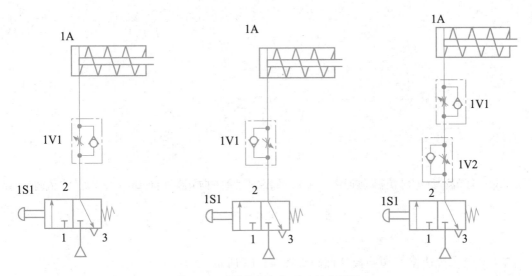

图 4-10 单作用气缸速度控制回路

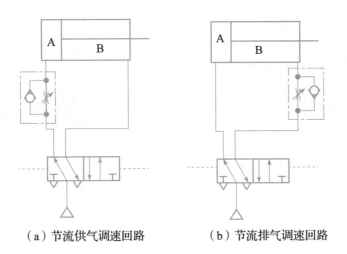

（a）节流供气调速回路　　（b）节流排气调速回路

图 4-11 双作用气缸速度控制回路

2）双向调速回路。

在气缸的进、排气口安装节流阀，就组成了双向调速回路。如图 4-12（a）所示为采用单向节流阀的双向节流调速回路，且为节流排气调速回路；图 4 - 12（b）所示为采用消声器的双向节流调速回路；图 4 - 12（c）所示为进气节流调速回路。

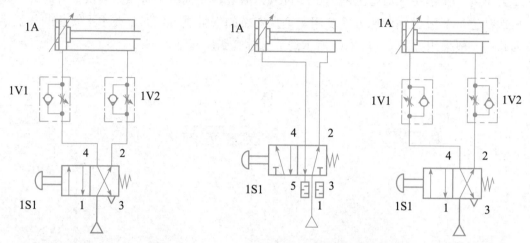

（a）采用单向节流阀的双向节流调速回路　　（b）采用消声器的双向节流调速回路　　（c）进气节流调速回路

图 4 - 12　双向调速回路

3）安装了快速排气阀的快速回路如图 4 - 13 所示。

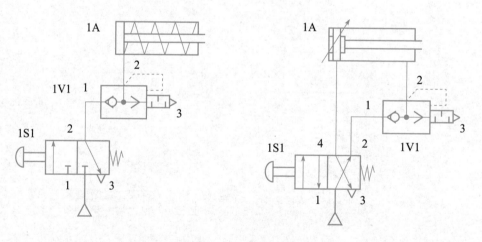

图 4 - 13　快速回路

4）速度换接回路。

如图 4 - 14 所示的速度换接回路采用两个二位二通阀与单向节流阀并联，当撞块压下行程开关时，发出电信号，使二位二通阀换向，改变排气通路，从而改变气缸速度。行程开关的位置可根据需要选定。二位二通阀也可改用行程阀。

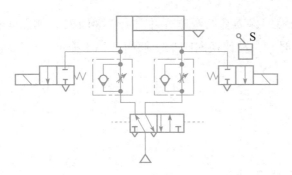

图 4 – 14　速度换接回路

5）缓冲回路。

要实现气缸行程末端的缓冲，除采用带缓冲的气缸外，在行程长、速度快、惯性大的情况下，往往需要采用缓冲回路，如图 4 – 15 所示。如图 4 – 15（a）所示的回路能实现快进—慢进缓冲—停止快退的循环，行程阀可根据需要来调整缓冲开始的位置，这种回路常用于惯性大的场合。如图 4 – 15（b）所示的回路常用于行程长、速度快的场合。当活塞返回行程末端时，其左腔压力已降至打不开顺序阀 2 的程度，余气只能经节流阀 1 排出，因此活塞得到缓冲。这两种回路都只能实现一个运动方向上的缓冲，若两侧均安装此回路，可达到双向缓冲的目的。

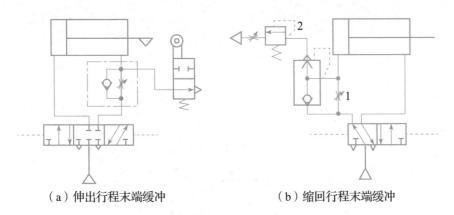

（a）伸出行程末端缓冲　　　　　（b）缩回行程末端缓冲

图 4 – 15　缓冲回路

2. 行程阀控制的单往复运动

4 – 6　行程阀

要实现气缸自动缩回，需在行程末端添加行程阀 1S2，如图 4-16 所示。当气缸伸出并碰到行程阀 1S2 时，自动使换向阀 1S2 换向、1V1 换向，气缸缩回。

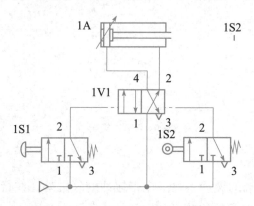

图 4-16　行程阀控制的单往复运动

3. 两个地点控制双作用气缸单往复运动

两个地点控制模式经常应用于很长的生产线，既可以从生产线头控制，也可以从生产线尾控制，如图 4-17 所示。利用梭阀将 1S1 和 1S2 的控制信号进行逻辑或，然后控制换向阀 1V2 换向；按 1S1 或 1S2 都可以使气缸伸出，碰到行程开关 1S3 后自动缩回。

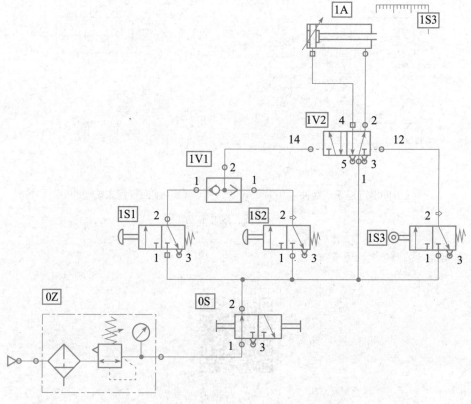

图 4-17　两个地点控制双作用气缸单往复运动

4.双作用气缸往复运动

要实现自动往复，需在气缸首尾都添加行程开关，分别为 1S2 和 1S3，如图 4 - 18 所示。首次启动通过手动按钮 1S1 实现，运动过程中由 1S2、1S3 分别判断是否运动到头。

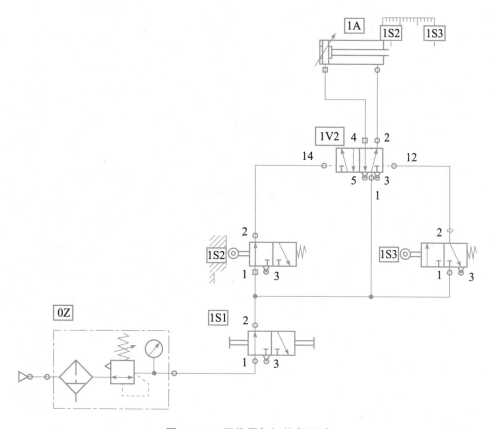

图 4 - 18　双作用气缸往复运动

三、气动回路标识

1.气动回路的图形表示法

工程上，气动系统回路图是由气动元件图形符号组合而成的，这种回路图有定位和不定位两种表示方法。

如图 4 - 19 所示，定位回路图按系统中元件的实际安装位置绘制，便于工程技术人员了解阀的安装位置，做好维修保养工作。

不定位回路图不按元件的实际安装位置绘制，而是根据信号流动方向，从下向上绘制，各元件按其功能分类排列，依次为气源系统、信号输入元件、信号处理元件、控制元件、执行元件，如图 4 - 20 所示。我们应重点掌握此种表示方法。

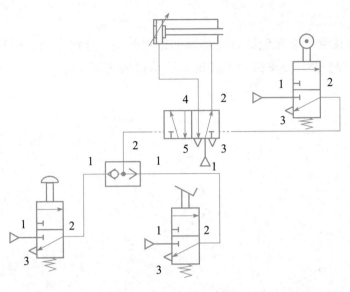

图 4 - 19   定位回路图

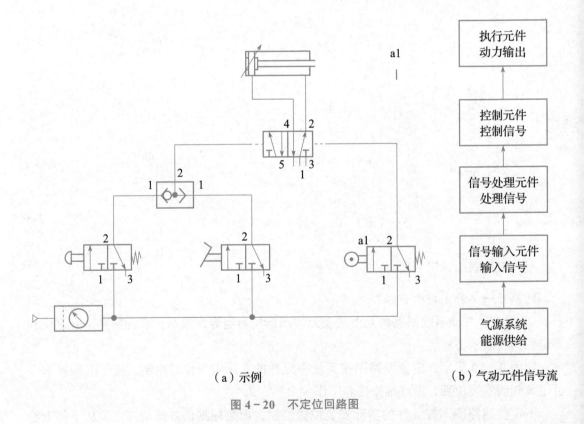

（a）示例   （b）气动元件信号流

图 4 - 20   不定位回路图

如图 4 - 21 所示为全气动系统中信号流和气动元件的对应关系，明确这一点对于分析和设计气动程序控制系统非常重要。

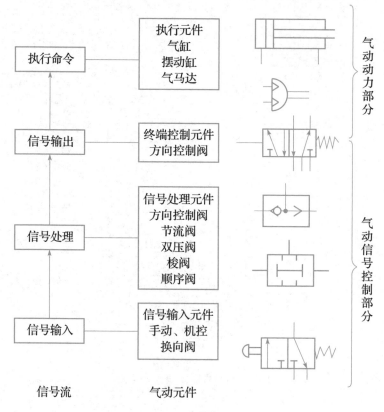

图 4 - 21　全气动系统中信号流和气动元件的对应关系

2. 气动回路元件编号规则

气动回路中的元件的编号要遵守一定的标准，即《流体传动系统及元件　图形符号和回路图　第 1 部分：图形符号》(GB/T 786.1-2021)。

规则 1：元件按控制链分组，每个执行元件连同相关的阀称为一个控制链。0 组表示能源供给元件，1、2 组表示独立的控制链，P 表示泵和空压机，A 表示执行元件，M 表示原动机，S 表示传感器，V 表示阀，Z 表示其他元件。规则 1 编号示意图如图 4 - 22 所示。

规则 2：常用于气动系统的设计，大写字母（A、B、C 等）表示执行元件，小写字母表示信号元件。a1、b1、c1 等表示执行元件在伸出位置时的行程开关；a0、b0、c0 等表示执行元件在缩回位置时的行程开关。规则 2 编号示意图如图 4 - 23 所示。

3. 元件的表示方法

绘制回路图时，阀和气缸尽可能水平绘制；所有元件均以起始位置表示，否则另加注释。阀的位置定义如下：

正常位置：阀芯未动作时阀的位置。

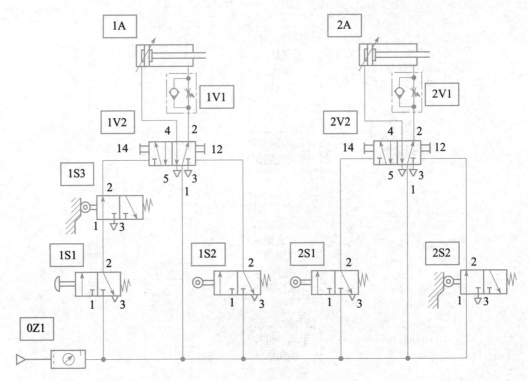

图 4 - 22　规则 1 编号示意图

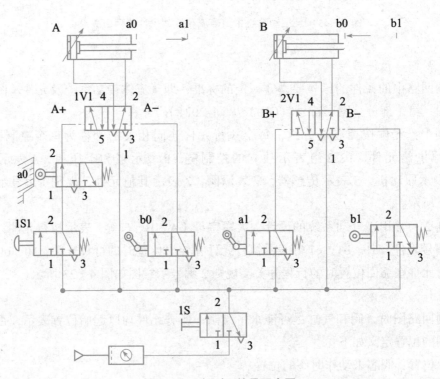

图 4 - 23　规则 2 编号示意图

起始位置：阀已安装在系统中，并已通气供压，阀芯所处的位置应标明。如图 4 - 24（a）所示，滚轮杠杆阀（信号元件）的正常位置为关闭阀位，当其被活塞杆的凸轮板压下时，起始位置变成通路，如图 4 - 24（b）所示。

（a）正常位置　　　　　（b）起始位置

图 4 - 24　滚轮杠杆阀

对于单向滚轮杠杆阀，因其只能在单方向发出控制信号，所以在回路图中必须以箭头表示出对元件产生作用的方向，逆向箭头表示无作用，如图 4 - 25 所示。

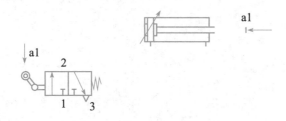

图 4 - 25　作用力表示方向

4. 管路的表示方法

通常，工作管路用实线表示，控制管路用虚线表示，如图 4 - 26 所示。在复杂的气动回路中，为保持图面清晰，控制管路也可以用实线表示。管路尽可能绘制成直线，避免交叉。

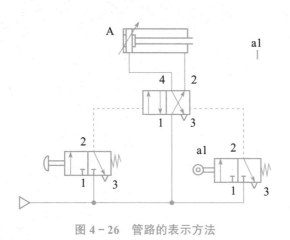

图 4 - 26　管路的表示方法

学习情境 ⑤
双缸顺序动作气动系统的设计与装调

学习目标

（1）能够根据双缸气压系统安装和调试的任务要求，制订切实可行的工作计划及实施方案。

（2）掌握复杂气动回路的读图能力。

（3）能设计符合本任务需求的复杂气压系统工作原理图。

（4）能进行复杂气压系统的安装及调试，能独立排除故障，实现双缸系统的控制要求和功能要求。

（5）团队协作良好，沟通畅通。

（6）培养创新能力，能够不断对方案进行优化。

工作情景描述

某生产企业承接了一套自动化生产线的设计与装调项目，计划通过气动控制系统实现速度、位置及顺序控制。请同学们分小组领取该任务，以企业专业人员的身份与客户进行沟通，分析设备特点及客户要求，利用所学的机械制图、气动系统控制、安装和调试、常用工具操作、检测操作等知识设计并绘制相应的控制原理图，利用计算机辅助设计软件进行功能验证、元器件选择、回路的安装和调试以及控制功能校验，对出现的问题及时修改或完善。按时、保质完成任务，经质检人员检验后交客户评价及验收。

工作流程与活动

工作环节 1　明确任务

学习目标

（1）了解市场大环境，明确任务要求。

（2）准确记录客户需求，分析该生产线工作站的控制要求。

学习过程

一、领取任务

通过微信扫描下方二维码，观看视频，领取任务。

5-1　自动化智能料仓

二、任务分析

（1）气动回路的设计顺序是什么？

（2）根据视频讲解，总结进行位置控制需要用到哪些元器件。

（3）结合视频内容及文字描述，绘制出执行机构和机构装置之间的关系并简单描述其功能。

示例：

生产线的物料供料装置示意图如下，其驱动系统为气压系统。

（1）1.0 缸先伸出，到位后 2.0 缸再伸出，2.0 缸先缩回，到位后 1.0 缸再缩回。

（2）1.0 缸先伸出，到位后 2.0 缸再伸出，1.0 缸先缩回，到位后 2.0 缸再缩回。

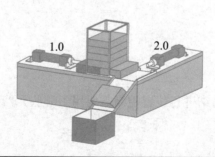

（4）总结顺序控制的要点。

工作环节 2　任务准备

学习目标

（1）掌握识读复杂气动回路的能力。
（2）掌握典型气动系统的设计原则和设计方法。
（3）掌握气控行程阀的工作原理及使用方法。
（4）掌握工作流程图、信号–状态图的绘制方法以及标识的含义。
（5）具备较强的沟通能力，能够在任务准备的过程中发表见解。
（6）具备信息整合、输出的能力。

学习过程

学习建议：

浏览下列问题，然后进行重要知识点的信息收集与学习，方法如下：
（1）查阅书中的"学习参考资料"（图文资料）。
（2）扫描书中的"学习参考资料"中的二维码，学习微课（影音资料）。
（3）通过网络搜索相关知识，浏览液压气动类微信公众号、论坛等（网络资源）。

回答下列问题：

（1）绘制 A、B 气缸的动作顺序为 A+B+A-B- 的工作流程图。

（2）绘制 A、B 气缸的动作顺序为 A+B+A-B- 的位移–步骤图。

（3）什么是障碍信号？

（4）气控行程阀的作用是控制气动系统的_____。

（5）串级法应用在什么场合？

工作环节 3　计划与决策

📚 | 学习目标

（1）能够根据客户需求划分工作阶段，分配工作任务，制订可行的工作计划。

（2）能够操作 FluidSIM-P 仿真软件，独立设计出符合任务功能要求的气动回路。

（3）能够制定出设备清单。

（4）分析各小组设计的回路，总结出本组最优方案。

（5）能按照相关规范查阅产品手册，并进行气压元件的选型。

📕 | 学习过程

一、填写工作计划表

工作计划表				
项目名称				
小组成员				
序号	工作内容	计划用时	实际用时	备注
	合计			

二、填写项目小组人员职责分配表

项目小组人员职责分配表			
项目名称			
小组成员			
序号	成员姓名	项目职责说明	备注

三、确定设计方案

1. 气压系统原理图

先运用 FluidSIM-P 仿真软件进行原理图的设计与仿真，然后在下面空白处用尺子手工绘制原理图。

（1）(A+B+A−B−)：

（2）(A+B+B−A−)：

2. 分别简述工作原理

（1）(A+B+A−B−)：

（2）(A+B+B−A−):

3.列出设备元件清单

设备元件清单				
位置号	名称	型号	件数	备注

工作环节 4　任务实施

📖 学习目标

（1）能够根据设计方案，进行气压系统设备的安装和调试。

（2）能够通过组间讨论、跨组讨论、复查资料、网络求助等手段解决在安装和调试过程中出现的问题。

（3）能够在设备出现故障时独立思考，分析故障原因，排除故障。

（4）能够根据实操的反馈提出优化建议。

（5）会正确穿戴劳保设备，施工后能按照管理规定清理施工现场。

📚 学习过程

一、气动系统设备的安装和调试

根据设计方案进行气动系统设备的安装和调试（注意事项参见气动试验台说明书）确认安装和调试完毕，试车前填写自检表。

自检表			
一、机械安装部分	正常	不正常	备注
1. 所有原件全部安装			
2. 所有螺栓连接是否紧固			
3. 运动部件的轨迹上是否有障碍物			
4. 安装布局符合规范，是否便于操作			
5. 正确选择元器件			
二、气动部分			
1. 系统压力（　　）bar			
2. 气动处理装置的除尘器中的液位			
3. 所有管路连接牢固（安装到位）			
4. 管路安装规范（最小弯曲半径 $R \geq 30d$）			
5. 各调节装置运转灵活			
三、功能测试			
1. 气缸伸出，气缸缩回			
2. 气缸动作顺序正确			
四、工作安全性			
1. 是否知晓实训室电源总开关位置			
2. 设备急停功能			

二、记录安装和调试步骤

将操作中遇到的问题如实记录下来。

三、总结实训设备的使用注意事项。

四、故障诊断与排除

（1）本组在设计过程中是否出现障碍信号？分析原因并给出解决方案。

（2）本组在设计过程中是否出现故障？分析原因并给出解决方案。

（3）通过微信扫描下方二维码观看视频，看看本组是否也出现过视频中的故障或设计缺陷，描述故障现象（或设计缺陷），分析原因并给出解决方案。

5-2 故障分析（1）　　　　　　5-3 故障分析（2）

故障现象（或设计缺陷）	
故障原因及解决方案	

工作环节 5　总结

学习目标

（1）具备较高的综合表达能力，能通过语言、图表、文字等进行较专业的汇报总结并答辩。

（2）具备较高的思辨能力和创新能力，能提出更先进的设计方案及具体措施。

学习过程

一、经验总结

（1）通过微信扫描下方二维码，回看课堂重点内容"双缸料仓控制系统设计"，提出本组方案中需要优化和改进的地方，例如急停、复位等方面。

5-4　双缸料仓控制系统设计

（2）请结合工作过程谈谈你的最大收获。

（3）本次设计中用到的方法是否具有推广性？是否可以应用在多缸控制系统中？请总结出具有普适性的"万能方法"。设计方案还可以在哪些方面精进？

二、成果汇报

以小组为单位，通过 PPT、海报、思维导图等形式对本项目的完成过程及个人成长进行汇报（15 分钟），别组提问及教师现场指导与评价（10 分钟）

建议：小组成员均需参加演讲，每人负责一项。汇报时使用专业术语。

工作环节 6　评价

学习目标

（1）会解读评价指标，能够对本组的成果进行客观评定。

（2）树立诚实守信、严谨负责的职业道德观。

学习过程

工作过程评价表							
项目名称							
小组成员				试验台			
序号	项目内容	评价要素	配分	自评	互评	教师评	备注
一、工作计划（10%）	工作计划书	工作顺序合理、步骤详细	4				
		职责清晰，分工明确、具体、合理	2				
		时间预计准确	2				
		场地及设备规划合理	1				
		部门协调联动，考虑周全	1				
二、方案设计（40%）	1. 总体设计 2. 回路设计 3. 参数控制	合作设计，决策合理	10				
		功能实现完整	20				
		结构清晰，所选元件简单实用	5				
		调试方便，参数设置可控	5				
三、设备安装和调试（30%）	1. 元件选择 2. 设备安装和调试 3. 设备检测 4. 故障诊断及排除	元件选择合理	5				
		连接牢固，无泄漏	5				
		布局合理，符合行业规范	5				
		操作合理，工具使用正确	5				
		安全第一，文明生产	5				
		故障判断迅速、准确	5				
四、文档编辑（10%）	1. 信息收集 2. 文档制作 3. 图像影像处理 4. 成果展示	充分利用网络及工具书	2				
		熟练使用办公软件和图像处理软件	2				
		内容总结全面、逻辑清晰	2				
		演示内容清晰，语言流畅	2				
		问题回答清晰、准确	2				

续表

序号	项目内容		评价要素	配分	自评	互评	教师评	备注
五、劳动纪律和工作态度（10%）	1. 劳动纪律 2. 工作态度 3. 安全意识 4. 团队合作 5. 时限进度		遵章守制，全勤	2				
			工作主动，责任心强	2				
			劳保用品穿戴整齐	2				
			团队合作良好	2				
			按时完成工作任务	2				
学员签字			合计	100				
			指导教师					

知识巩固与练习

一、选择题

1. 在串级法中,( )可以作为记忆元件进行回路设计。

A. 二位二通单气控换向阀　　　　　　B. 二位四通双气控换向阀

C. 二位三通单气控换向阀　　　　　　D. 二位五通双气控换向阀

2. 从图形来看,根据动作要求绘制的位移－步骤图中有包含关系的是存在障碍信号的。( )

A. 对　　　　　　　B. 错

二、填空题

障碍信号的排除方法有:＿＿＿＿＿＿、＿＿＿＿＿＿、＿＿＿＿＿＿。

学习参考资料

一、气动系统设计步骤

1. 明确工作任务与环境要求

（1）工作环境要求包括温度、粉尘、易燃、易爆、冲击及震动等情况。

（2）动力要求即输出力和转矩的情况。

（3）运动状态要求即执行元件的运动速度、行程和回转角速度等。

（4）工作要求即完成工艺或生产过程的具体程序。

（5）控制方式即手动、自动等控制方式。

2. 回路设计

（1）根据任务要求列出工作程序，包括执行元件的动作顺序、执行元件的数量和形式。

（2）根据程序画出信号 – 状态图等。

（3）找出故障并将其解决。

（4）画出逻辑原理图和气动回路图。

3. 选择和计算执行元件

（1）确定执行元件的类型及数目。

（2）计算并选定各运动参数和结构参数，即运动速度、行程、角速度、输出力、转矩及汽缸直径等。

（3）计算耗气量。

4. 选择控制元件

（1）确定控制元件的类型及数目。

（2）确定控制方式及安全保护回路。

5. 选择气动辅助元件

（1）选择过滤器、油雾器、储气罐、干燥器等的形式及容量。

（2）确定管径、管长、管接头的形式。

（3）验算各种阻力损失，包括沿程阻力损失和局部阻力损失。

二、多缸控制回路设计

各种自动化机械或自动化生产线大多依靠程序控制进行工作。程序控制是指根据生产过程的要求使被控制的执行元件按预先规定的顺序协调动作的一种自动控制方式。一般分为时间控制和行程控制。

通常，行程控制是闭环控制系统，是一种前一个执行元件动作完成并发出信号后，才允许进行下一个动作的自动控制方式。包括行程发信装置、控制回路、执行元件和动力源等部分。

　　行程发信装置：应用最多的是行程阀。此外，各种气动位置传感器以及液位、温度、压力等传感器也可用作行程发信装置。

　　控制回路：可由各种气动控制阀构成，也可由气动逻辑元件构成。

　　执行元件：包括汽缸、气马达、气液缸、气电转换器及气动吸盘等。

1. 方案设计

5-5　多缸控制回路的设计（1）　5-6　多缸控制回路的设计（2）　5-7　多缸控制回路的设计（3）

　　方案设计时，注意按照以下步骤操作：

　　布局草图→工作流程图→运动图（位移－步骤图）→控制图（信号－状态图）→回路图→配管图（元件的位置及管道布置图）

　　（1）工作流程图（见图5-1）。

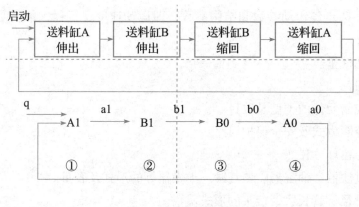

图5-1　工作流程图

　　简化：A1B1B0A0

　　这里用大写字母A、B、C等表示气缸，数字1、0表示气缸伸出和缩回的状态。例如：A1表示气缸A活塞杆处于伸出状态，A0表示气缸A活塞杆处于缩回状态。

　　用带数字1、0的小写字母a、b、c等表示相应的气缸活塞杆伸出或缩回时碰到的行程阀。例如：a1表示气缸A伸出时碰到的行程阀，a0表示气缸A缩回至终端位置时碰到的行程阀，也表示a0、a1行程阀发出的信号。行程阀发出的信号称为原始信号。

　　德国常用1S1、1S2等表示相应气缸的活塞杆伸出或缩回时碰到的行程阀。例如：

1S2 表示气缸 1A 伸出时碰到的行程阀，1S1 表示气缸 1A 缩回至终端位置时碰到的行程阀。

（2）运动图（位移－步骤图）。

运动图用于表示执行元件的动作顺序及状态，按其坐标的含义可分为位移－步骤图和位移－时间图。

1）位移－步骤图。

位移－步骤图描述了控制系统中执行元件的状态随控制步骤的变化规律，如图 5－2 所示。横坐标表示步骤，纵坐标表示位移（气缸的动作）。如 A、B 两个气缸的动作顺序为 A+B+B-A-（A+ 表示 A 气缸伸出，B- 表示 B 气缸缩回）。

2）位移－时间图。

位移－步骤图仅表示执行元件的动作顺序，无法表示执行元件动作的快慢，这就需要通过位移－时间图来表示，如图 5－3 所示。

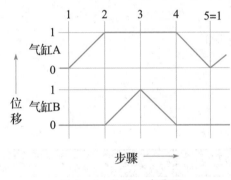

图 5－2　位移－步骤图

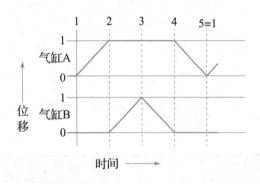

图 5－3　位移－时间图

3）控制图。

控制图用于表示信号元件及控制元件在各步骤中的接转状态，接转时间不计。如图 5－4 所示为行程开关在步骤 2 开启，在步骤 4 关闭。

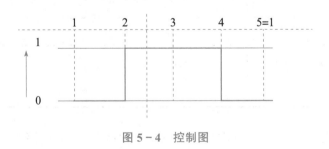

图 5－4　控制图

4）全功能图。

全功能图如图 5－5 所示。

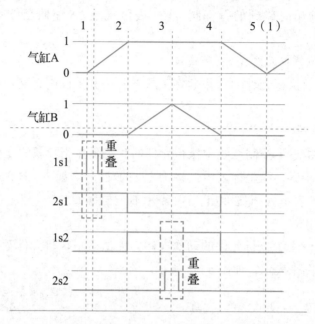

图 5 - 5　全功能图

（3）控制图（信号 - 状态图）。

信号 - 状态图的标识见表 5 - 1。

表 5 - 1　信号 - 状态图的标识

手动控制		机械控制		液压或气动控制	
⊖	开	⟍• 行程开关在最终位置启动		$\boxed{p}$ 6×10^5 Pa	压力开关设置为 6×10^5 Pa
⊙	关	⟍ 行程开关在通过较长路径后启动		$\boxed{t}$ 2s	定时器单元设置为 2s
◎	开 / 关				
信号组合					
↓	信号线开始于信号输出，终止于状态改变点	• 信号分支以点作为标记		与状态信号合并以粗短斜线标记	

全功能图可表示控制信号的路径，如图 5 - 6 所示。例如：控制元件将方向控制阀 1V1 由 b 转换至 a、使缸 1A1 伸出；缸启动信号单元 1S1，信号单元 1S1 控制计时器，计时器开始计时（2秒）；2 秒后，计时器控制方向控制阀由 a 转换至 b，缸 1A1 缩回至初始位置。完整的信号 - 状态图如图 5 - 7 所示。

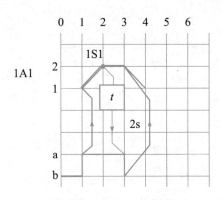

图 5 - 6　控制信号的路径

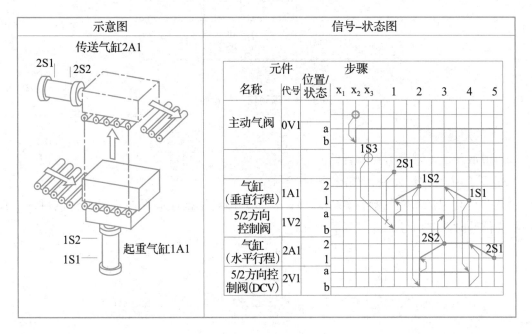

图 5 - 7　信号 - 状态图

2. 障碍信号

（1）障碍信号的观察。

根据工艺要求画出全功能图后，注意观察是否有重叠的部分，如图 5 - 8 中的虚线框所示，如有，则表明存在障碍信号。

（2）障碍信号的排除方法。

1）采用单向滚轮杠杆阀。

使气缸在一次往复动作中只发出一个脉冲信号，把存在障碍的长信号缩短为脉冲信号。

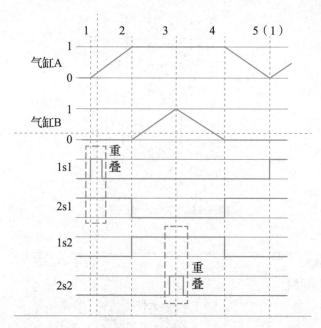

图 5 - 8　障碍信号示意图

2）采用延时阀。

利用常开型延时阀消除障碍信号。

3）采用中间记忆元件，如图 5 - 9 所示。

借助具有记忆功能的换向阀消除障碍信号，即利用换向阀切断信号元件的供气，仅在需要信号时才向信号元件供气。

图 5 - 9　记忆元件

（3）串级法。

5 - 8　多缸控制回路的设计（4）

串级法借助控制回路的隔离阀来实现，主要通过记忆元件实现信号的转接。如图 5 - 10 所示。即利用二位四通或二位五通双气控阀以阶梯方式顺序连接，从而保证在任一时间只有一个组输出信号，其余组为排气状态，使主控阀两侧的控制信号不同时出现。

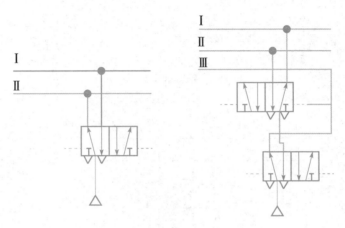

图 5 - 10   串级法应用举例

分组原则：同一组内每个英文字母只能出现一次，分组的组数是输出管路数。分组的组数越少越好。

例如，将如图 5 - 10 所示的两个气缸的动作顺序变为 A+B+B-A-，用串级法设计的回路。

1）绘制位移 - 步骤图，如图 5 - 11 所示。

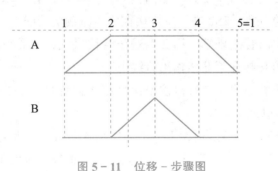

图 5 - 11   位移 - 步骤图

2）分组。

A+ B+/B- A-

Ⅰ组 / Ⅱ组

3）绘制两个气缸及各自的主控阀。

4）绘制输出管路数及记忆元件，如图 5 - 12 所示。

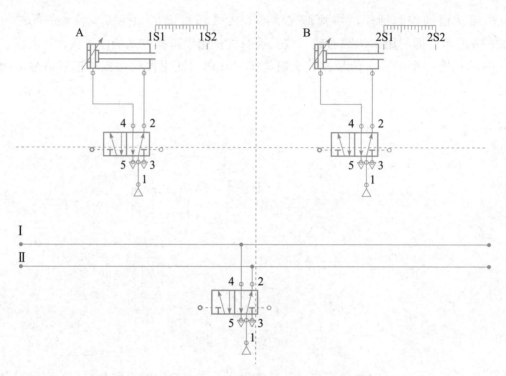

图 5 - 12　气缸、主控阀、管路数及记忆元件

5）控制信号。

①A 缸伸出，压下行程开关 1S2，使 B 缸前进，故 1S2 接在 2V1 的左侧；属于 I 组，进气口应接在第 I 条输出管线上。

②B 缸伸出，压下行程开关 2S2，输出信号产生换组动作，即由第 II 条输出管线供气，2S2 应接在 0V1 的右侧，2S2 进气口应接在第 I 条输出管线上。

③此时，第 I 条输出管线排气，第 II 条输出管线供气，第 II 组的第一个动作是 B 缸缩回，所以 2V1 右侧直接接在第 II 条输出管线上。

④B 缸缩回，压下行程开关 2S1，输出信号使 A 缸缩回，2S1 应接在 1V1 右侧，进气口应接在第 II 条输出管线上。

⑤A 缸缩回，压下行程开关 1S1，下一个动作是 A 缸伸出。此时，第 I 条输出管线供气，第 II 条输出管线排气，故 1S1 应接在 0V1 的左侧，进气口应接在第 II 条输出管线上。

控制顺序如图 5 - 13 所示。

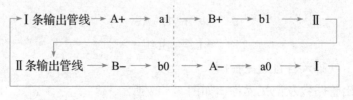

图 5 - 13　控制顺序

6）绘制回路图，如图 5 - 14 所示。

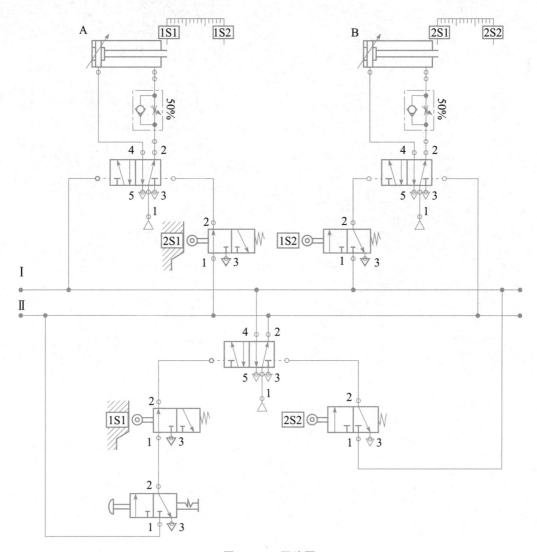

图 5 - 14　回路图